LES
LOUPS CERVIERS

PAR

le Baron de Lamothe-Langon,

***

II

PARIS

OLLIVIER, LIBRAIRE-ÉDITEUR,

1839

LES

LOUPS - CERVIERS.

LES
LOUPS-CERVIERS

PAR

Le Baron de Lamothe-Langon.

II

PARIS,

OLLIVIER, LIBRAIRE- ÉDITEUR,

35, rue St.-André-des-Arts.

1839

I

Au plus fin.

> Il est rare que la vertu profite des
> querelles du vice, et il est certain
> qu'elle a toujours à perdre de l'ac-
> cord des vicieux.
> — *Recueil de Maximes.* —

Tout ce qui venait d'arriver successivement à Edmond, en ébranlant la fermeté de son âme impie, y avait laissé
germer une sorte de terreur superstitieuse qui est souvent le premier pas qui

en nous éloignant du vice, ramène le cœur de l'homme dans le bon chemin. D'une autre part, ce nouveau persécuteur, cet homme dont la persistance à le revoir et l'intérêt de son pupile porteraient certainement à éclairer son existence antérieure, ne le laissait pas tranquille non plus : l'éviter, lui devenait nécessaire ; et, pour l'empêcher de nuire, peut-être il faudrait aussi se débarrasser de lui. Enfin, et pour surcroît d'anxiété, le dernier incident de l'apparition de la gente Cécile, en habit d'homme, et au milieu des rues de Paris, était un épisode qu'il n'expliquait pas plus que le reste.

Amené donc au logis maternel, avec des dispositions pareilles, il ne fut pas fâché d'y trouver de moins madame la marquise de Sévigné, en station depuis le matin auprès d'une des demoiselles de l'établissement, en travail de gésine, mais tous les amis presque au grand complet, puisque Clovis était seul à y manquer. Le sieur Levraut, lui-même, fut accueilli avec assez de

homie ; et, après lui avoir demandé de
ses nouvelles, car la veille une rencontre
non prévue les avait rapprochés, malgré
le désappointement d'Edmond, celui-ci
ajouta qu'il se flattait d'être compté au
rang de ses amis.

— En doutes-tu, Edmond? répartit le
petit vieillard ; ne sais-tu pas que, vu l'an-
cienneté de mon affection pour ta mère,
j'ai acquis le droit de te nommer mon
fils ; je sais que tu te méfies de moi, tu
as tort, je n'ai nui jamais qu'à ceux qui
ne me témoignent aucune confiance. Au
reste, poursuivit-il en baissant la voix,
si tu voulais prendre de mes almanachs
et t'enrôler dans mon régiment, tu en re-
tirerais plus de profit que tu ne penses.

Edmond, qui le craignait, se garda bien
de le repousser du cœur ; en homme de
sens, il songea que le meilleur moyen de
se rendre supérieur à qui nous est redoutable, c'est d'amener celui-là à nous
avouer ses secrets. Or donc, en cette circonstance, puisque Levraut venait au-

devant de lui, ce serait, certes, une faute supérieure que de le repousser. La réponse qu'il lui fit fut affirmative.

— A la bonne heure, dit alors l'interlocuteur, voilà comme je t'aime, je ne veux pas te perdre ; j'aurais même peur de t'exposer ; mais ce que j'ai à t'apprendre doit être secret, et les amis que voilà ne trouveront pas mauvais si je te prie de passer avec moi dans la première pièce.

Jaloux, sans le faire connaître, de la préférence que Levraut accordait à Edmond sur eux, mais, d'un autre côté, ne pouvant se fâcher que l'on traitât avec leur chef, choisi volontairement, Robillet, Balthazard et Hippolyte formulèrent leur acquiescement à ce colloque secret.

Levraut ferma la porte, se rendit vers celle de l'escalier, puis, par réflexion, conduisit Edmond vers un angle de la chambre, où de gros murs interceptaient le son ; et quand il crut avoir trouvé le lieu favorable, il se posa en

héros grec devant Edmond, et le saisissant par un bouton de son habit :

— Mon enfant, dit-il, il y a de par le
monde un homme riche, puissant et bien
en mesure de soutenir et de défendre
qui le servirait ; il a besoin de quelques
garçons de bonne intelligence, et capables de ne pas reculer devant un
coup de main. La besogne sera dure,
peut-être, car il est possible qu'un coup
de couteau, qu'un tour de lacet devienne
nécessaire ; mais, en revanche, le paiement sera proportionné à l'importance
de l'affaire.

— Père Levraut, répartit Edmond en
riant, ceci passe la raillerie ; vous tenez
à m'éprouver ; pensez-vous que je sois
capable d'accepter la charge d'un pareil
guet-apens? Non, sans doute ; des es-
piègleries de jeunesse, des griveleries légères sont mes torts, mes fautes ; mais
le crime! l'assassinat! arrière, arrière de
moi.

— C'est là parler à merveille, répondit

le tentateur, sans montrer étonnement ou regret; tu ne dirais pas mieux devant un juge d'instruction, ou en pleine cour d'assises; mais devant moi..... oui, devant moi, qui te connais de longue main, cet étalage de vertu est une plaisanterie; pourquoi quittas-tu Paris? Il y a bonnes années n'était-on pas à ta poursuite pour deux meurtres commis avec ta participation? Peux-tu revenir à Londres, où tu serais pendu sur l'heure, après confrontation et identité? En Belgique, à Gand, qui tua d'un coup de carabine un banquier Hambourgeois? Et en Hollande, quel habile Français.....

— Père Levraut, vous êtes le diable ou son archiviste tout au moins, et puis vous étonnerez-vous, si on vous redoute comme un des agens secrets de la police.

— Edmond, je n'appartiens à personne, j'oblige qui me paie, je fournis des renseignemens à qui les achète : souvent on vient à moi de haut, parce qu'on est instruit que je sais force choses curieuses;

mais je ne dévoile rien qu'on ne m'ait, à l'avance, plus appris que je ne sais, et par ce moyen, je meuble ma mémoire d'une foule d'anecdotes piquantes, instructives, que je classe, que je conserve et dont je me sers à propos dans l'occasion.

— Oh! bien, que Satan vous torde le col, puisque vous tenez si bien les fils où vous nous attachez comme des marionnettes; quoi! vous me connaissez des pieds à la tête, en dedans, en dehors, et moi je ne sais de vous que votre nom.... vous riez.... Oh! cela n'est pas juste.

— Edmond, tu es comme tous les hommes, ils veulent chacun que tout soit pour lui; et qu'as-tu fait toi pour m'égaler, as-tu mon âge, sais-tu ce que mon instruction m'a coûté, quel douloureux apprentissage j'ai dû faire; et toi, jeune homme, tu ne t'es occupé que de tes plaisirs, tes mauvaises actions n'ont eues que des résultats agréables, ne te fâches donc pas si je te suis supérieur, et réponds s tu le peux avec une franchise égale à la mienne.

Edmond réfléchit, Levraut à ce qu'il paraissait ne savait, ni ses dernières fautes, ni son aventure des montagnes de la Laconie, puisqu'il ne lui en avait rien dit, ni enfin, que maintenant il jouait le rôle de prince ; un refus pourrait l'offenser et le porter même à la vengeance, Levraut venait de le dire : *il n'avait jamais nui qu'à ceux qui ne lui témoignaient aucune confiance.* Or, paraître en avoir devait le complaire et le détourner de toute autre investigation, le parti pris, l'exécution en devait être prompte, aussi se hâtant de répliquer et avec l'aplomb d'un homme dont la résolution est arrêtée.

—Sage ami, vous avez raison, à quoi bon se faire meilleur qu'on ne l'est, je ne sais pourquoi je me déguise devant vous qui me connaissez si parfaitement, je vous abandonne le soin de ma sûreté, et, d'autre part, je vous fais mon chef suprême, mon roi ; et je vous le jure par cet hon-

neur que le Français ne prendra jamais
en vain, surtout lorsqu'il me ressemble.

— Et tu ne t'en repentiras pas

— De plus, je vous apprendrai, si vous
l'ignorez, que je dispose des quatre amis
qui nous attendent dans la chambre prochaine et du jeune Clovis ; enfin, ces quatre compagnons, et moi le cinquième, ne
suffiront-ils pas à la personne dont vous
venez de me parler.

— Vous êtes assez nombreux, et dès ce
moment je vous enrôle, vous serez payé
ainsi : chaque ami, cinq francs par jour
jusques au licenciement de la compagnie,
plus deux mille francs comptant pour
chacun si le succès couronne l'entreprise,
et cinq cents seulement en cas de malheur;
quant à toi, j'ai fait ta part meilleure,
tu auras vingt-cinq francs chaque matin
en solde de la veille et six mille écus la
tâche remplie; de plus, tu conserveras
une protection dont les conséquences seront incalculables.

Edmond, s'il eut traité avec son égal,

aurait, certes, élevé plus haut ses prétentions ; mais ici, dominé par l'influence suprême du vieillard, il acquiesça avec
une sorte de joie forcée au pacte conclu ;
puis, et en homme pressé d'en finir, il
demanda quand il faudrait se mettre en
campagne et contre qui l'on agirait.

Levraut répondit que la chose reste-
rait encore cachée jusques au moment où
le signal serait donné, que tout ce qu'il
pouvait apprendre, c'était que la personne, objet du complot, avait élu son domicile rue Rivoli, n. 35 ; à cette première
lueur qui brillait devant ses yeux ; Edmond sentit son cœur battre et vit ses
yeux se remplir d'étincelles, une sorte
d'éblouissement l'enivra ; serait-il possible que l'étranger qui lui était si périlleux
que sir Belton, devint l'homme auquel on
lui dirait d'enfoncer un poignard dans le
sein ; en effet, Edmond se rappela les
paroles mystérieuses qu'il tenait des in-
discrétions du caissier Loyset, il savait
mal, mais assez pour y asseoir une con-

jecture, celle que le baronnet anglais serait précisément le même que celui dont
il avait tant à craindre, et que déjà il souhaitait au fin fond des enfers! Mais en
même temps, si la chose était réelle, avec
quel art il cacherait à son directeur que
la soif seule de la vengeance et le désir
de sa propre conservation auraient suffi
pour le déterminer à commettre, avec
joie, ce crime qu'il paraîtrait n'exécuter
qu'avec déplaisir.

—Edmond, dit le méchant Levraut,
tu devines que ce ne sont pas choses
d'enfant; mais que ce fait, bien exécuté,
nous ouvre à toi, à moi une vaste bar-
rière, puisque nous deviendrons les hommes utiles de l'un des plus riches ban-
quiers français.

Il faut peu de chose à un intrigant
pour le placer sur la voie dont il cherche l'issue. Un mot échappé à Levraut,
lui cependant si habile, livra le secret qu'il tenait tant à réserver pour soi.
Ne devenait-il pas évident pour lui, Ed-

mond, que puisqu'il y avait un banquier mêlé dans cette affaire, ce devait être de toute nécessité Dutilloy et son adversaire, celui-là même dont la venue et les prétentions jetaient tant de terreur et de mécomptes dans l'âme de lui, Edmond. Mais celui-ci, trop habile pour laisser percer en lui la moindre agitation, pour ne pas commander aux mouvemens désordonnés de son âme, et surtout à la maligne joie qui ne cessait de s'élever en lui, Edmond se contenta de laisser voir de l'indifférence à tout, en remerciant Levraut de lui avoir procuré une telle affaire, pour laquelle, ajouta-t-il, vous deviez éviter tout contact avec les amis; et dès-lors, en vous adressant à moi, ne pas subir les importunités isolées de chaque conjuré; seul je les ferai agir, vous demeurerez derrière la toile, et en cas de *non succès*, ils ne vous nuiront pas, selon le fatal usage.

Levraut, au lieu de pénétrer dans l'astuce d'Edmond, n'y vit en effet que ce qu'il plaisait à celui-ci de lui faire voir; il le remercia de sa bonne volonté, lui en promit plus tard la récompense, et allait peut-être lui révéler les noms qu'il lui célait encore, lorsqu'on heurta modestement à la porte de l'escalier. Levraut, plus rapproché du lieu, s'y présenta, ouvrit, et Edmond entendit une voix douce, mais un peu voilée, une voix dont le timbre lui était connu, demander si, par hasard, le nommé Clovis Orrouis ne se trouvait pas dans ce lieu.

Le vieillard formulait une réponse négative, lorsque tout à coup Edmond s'avança rapidement; et, sans s'embarrasser de la présence de son chef de file, il prit par la main celui qui parlait, et l'entraîna violemment dans l'intérieur de la chambre, à la grande stupéfaction de messire Levraut..... Or, celui que l'on violentait ainsi, était le groom Honoré, et pour Edmond la gente Cécile.

II

Deux amans d'aujourd'hui.

La vertu ne sera jamais complette quand
elle ne repose pas sur la religion.
— *Recueil de Maximes.* —

Arsène Rumbel, confondu de la sortie
brusque et malhonnête du banquier Dutilloy, se flatta, pendant quelques minutes, qu'il le verrait revenir; mais la
prolongation de l'absence lui prouvant la

résolution prise de ne pas se rapprocher de lui, il allait prendre son parti et se retirer, lorsqu'un soupir poussé près de lui ayant attiré son attention, involontairement il se retourna, et, à sa vive joie, reconnut Tècle.

Elle venait d'entrer; elle arrivait de sa chambre au cabinet de son père par un autre couloir que celui qu'avait pris le banquier pour se retirer; et comme en approchant elle avait reconnu la voix d'Arsène, elle n'avait pu se retenir d'écouter ce que celui-ci pouvait dire, et en même temps avait fini par ouïr en entier la querelle qui venait d'avoir lieu, et par entendre fuir son père, si prodigieusement courroucé.

Le désir de Tècle aurait été d'accourir se mettre entre les deux disputans; mais son émotion, plus forte encore, l'avait retenue, et elle n'était rentrée dans le libre usage de ses facultés, que lorsque le banquier avait effectué sa retraite. Alors craignant qu'Arsène ne lui échappât à son tour, elle était accourue, et là, faible, haletante, éperdue, elle tendit les bras à son amant, comme pour le retenir malgré lui.

Hélas! Arsène n'avait aucune envie de se retirer; la présence de sa belle amie lui était toujours agréable, et combien plus, en cette occurrence, la jugeait-il nécessaire; aussi dès qu'il l'eut reconnue, il alla vers elle, leva les bras en l'air, les yeux remplis de larmes; et, quand il fut assez près pour la saisir dans ses bras, il l'étreignit, la pressa avec force sur sa poitrine, et en même temps, il s'écria:

— Chère amie, tu me vois le plus malheureux des hommes, et ton père va faire de moi le plus infortuné des amans.

— J'ai tout entendu, répondit Tècle, et si je ne puis t'accorder plus d'estime que tes vertus ne m'inspirent déjà, du moins en pouvant si bien lire dans ton âme, laisse-moi t'avouer que je suis fière de t'avoir pour amant... Mais, continua-t-elle, ne peux-tu rien faire pour adoucir la mauvaise humeur de mon père? Faut-il, pour qu'il te donne à moi, que tu m'achètes par ton déshonneur? Non, Arsène, cela ne sera pas ainsi; je t'aime, et pourtant je te repousserais si tu accédais à une transaction humiliante! Reste pur, et je demeurerai fidèle, quoiqu'on fasse pour m'arracher à toi! on y perdra le temps, la peine; toi seul parviendrais à faire ce miracle, et il aurait lieu au jour où tu deviendrais indigne de moi.

Touché de ces beaux sentimens, heureux et fier d'une telle élévation d'âme chez sa femme future, Arsène oublia momentanément son chagrin. Il ne vit que l'héroïsme de la jeune fille, et, se jetant à ses pieds, il lui jura une tendresse éternelle, tout en s'excusant des chagrins violens qu'il lui donnerait.

Je te le répète, lui dit-elle, tu m'as prouvé tout à l'heure l'excellence de ton cœur, la supériorité de tes sentimens sur tous ceux qui seront tes rivaux. Cesse de les craindre! On nous désunira, on me fera verser des larmes, on empoisonnera

ma jeunesse par une suite de chagrins
violens, mais que jamais on ne se flatte
de me faire renoncer à celui que je regarde comme le plus noble, le plus candide, ou, plutôt, comme le premier des
mortels.

— Ainsi, vous ne partagerez pas les pré-
ventions de votre père, vous respecterez
ses erreurs, vous le devez, mais, au nom
du Ciel ! aimable Tècle ! croyez qu'il se
trompe, croyez que la route où je m'engage, où il ne veut pas me suivre, par une
illusion fatale, est bien celle de la loyauté
et du devoir.

— Arsène, répondit la jeune fille, en
refoulant les sanglots qui voulaient se
faire un passage, et en dévorant les larmes
dont ses yeux étaient remplis, au nom de
Dieu qui nous voit, nous écoute et nous
entend, je vous jure de ne jamais rompre
les nœuds dont nous fûmes liés ; la volonté de nos parens nous donna volontairement l'un à l'autre ; vous n'avez rien
fait pour les autoriser à vous la reti-

rer ; je vous la conserverai. Leur injustice, leur caprice cesseront d'être une
autorité pour moi.

— Tecle.... chère amie ! vous que j'étais
si fier d'associer à mon sort, prenez garde
pourtant d'être emportée trop loin par
l'enthousiasme et l'amour. Dieu a donné
à vos parens sur vous un pouvoir légitime.
Leur erreur ne les en prive pas. Je ne reçois aucun de ces engagemens qui m'eni-
vrent ; ils suffisent à mon bonheur, et je
voudrais qu'ils ne vous coutassent rien.
Que dirait le monde de votre résistance ?
Il me l'imputerait.

— Et vous, dans votre vertu, que vous
importe le monde qui n'agit jamais par
règle certaine, qui va, vient et varie sans
raison ? mérite-t-il qu'on se tourmente de
ce qu'il décide ? est-ce pour lui et non
pour vous que vous cherchez à élever
votre âme ? Voyez-le applaudir au coupable, puissant ou riche, faire des aigles
de nos plus chétifs hommes de lettres,
lorsque leur fortune en fait des matadors.

Ne voyez que vous qui, seul peut-être, êtes juste et sage, et ne me désespérez pas en persistant à être meilleur que moi;

— Je vous suis inférieur, Tècle, je vous admire autant que je vous aime. Ne m'en veuillez pas, si j'ai pour vous la pensée ambitieuse de la perfection... Hélas! songez que nous avons besoin de force pour combattre. Un ennemi se présentera bientôt : ce grand seigneur étranger...,

— Le prince Christian de Morgteinsten, oui, il me fatigue de son amour ; il me veut poser une couronne sur la tête.... Que m'importe! est-ce là le bonheur!..., Moi! heureuse dans une sphère si haute! et les insultes des femmes de son rang, et le dédain de sa noblesse, peut-être le mépris de son peuple, sa haine, enfin, quand je ne lui inspirerai plus d'amour. Voilà, mon ami, le tableau réel de ce que j'obtiendrais par un tel mariage. Lorsque les grands seigneurs se mésallient pour de l'argent, c'est la dot seul qu'ils affectionnent, tandis que la

femme qu'ils ont prise avec n'est qu'un
fumier propre à l'engrais de leurs terres,
et ils ne peuvent s'en approcher qu'avec
horreur. Ne vous tourmentez donc plus
si je combats avec énergie la volonté de
mes parens. Voudriez-vous que j'immo-
lasse toute ma félicité future à leur préoccupation.

— Il est vrai, répliqua le noble avocat,
que les illustres alliances, pour les filles
de la bourgeoisie, ont de pénibles résultats. On ne trouve la prospérité rela-
tive qu'en la cherchant dans sa sphère
privée où l'égalité des rangs ne puisse jamais amener le repentir de l'orgueil, le
plus funeste parmi tous les regrets.

— Ainsi, dit Tècle un peu moins affligée, nous commençons à nous entendre.
Ecoutez-moi bien, Arsène : n'acceptez de
ma part congé ou rupture de quelque manière qu'on vous le donne : de vive voix,
par lettre, ou en employant les intermé-
diaires les plus vénérables. Si je veux vous
accabler, mon ami, ce aser de vive voix

et non autrement : il en sera de même de votre côté ; n'est-ce pas. Avec ceux que nous allons avoir à combattre, ces précautions sont convenables. On ne négligera rien pour semer la discorde entre nous.

—Sans y parvenir! répartit impétueusement Arsène, si votre confiance égale la mienne ; oui, je ne croirai que votre bouche et, encore même vint-elle me repousser, je sens que mon cœur ne partagérait pas son injustice et qu'il ne cessera de vous adorer ; mais, si malgré vos larmes, vos prières, vos refus ; si malgré ma persistance, vos parens se maintiennent inflexibles, que ferez-vous alors ou plutôt que ferons-nous ?

—Alors, répondit Tècle en paraissant méditer tandis que les mots sortaient lentement de sa bouche...alors... nous nous rappellerions que nous sommes de ce siècle et nous lui demanderions conseil.

—Eh bien! demanda Arsène avec une

émotion croissante, où cela nous mène-
rait-il?

— Plus vite, peut-être, au terme commun de la vie, à cette époque d'indépendance absolue où l'âme et le corps, tout
échappe à la misère, à la douleur, aux
tyrans!

— Tècle, vous, me parler ainsi!

— Je vous aime, je vous suis chère, pré-
féreriez-vous que nous fussions tous les
deux malheureux encore pendant long-
temps.

— Tècle, dit le jeune homme en posant la main sur le front, à vous entendre,
à la manière dont je vous écoute, il est
prouvé, en effet, que nous aussi apparte-
nons, par quelque chose, à cette époque
de corruption, d'ignorance et d'incrédulité: nos vertus, je le crains, sont purement humaines, car nous ne sommes pas
effrayés du compte que, peut-être, nous
irons rendre trop tôt.

— La faute ne doit pas m'en être im-
putée, on a voulu faire de moi une philo-

sophe, on a brisé ma foi: je crois à une
suprême intelligence; mais comme elle
ne m'a jamais fait connaître ses volontés,
je me maintiens dans mon indépendance.

Arsène soupira, puis, craignant d'être
rencontré avec Tècle, il se détermina à
sortir; les deux amans ne se séparèrent
pas sans se renouveler les sermens d'une
tendresse sans terme, sans avoir pris des
mesures pour entretenir entr'eux une
correspondance certaine; Tècle indiqua
le groom de son frère, comme celui de
tous les domestiques le plus facile à gagner et, en même temps, qui, en raison
de son âge, saurait le mieux être discret. John, à l'entendre, lui était plus
dévoué qu'à son maître direct Amanieu,
quant à celui-ci, son étourderie, son irré-
flexion, le rendait incapable de servir sa
sœur et son ami... Son ami contre lequel,
peut-être, il tarderait peu à prendre parti,
Tècle, enfin, s'engagea à envoyer John,
sous un prétexte commun, auprès d'Arsène.

Celui-ci, peu après, sortit.

Tout préoccupé, moins de sa scène
avec le banquier que de sa rencontre avec
Tècle, il reprit machinalement le chemin du logis paternel ; comme il rentrait,
le portier lui remit une lettre ; Arsène
sans la décacheter ni même en regarder
la suscription, remonta dans son appar-
tément ; à peine y fut-il entré que s'apercevant du pli qu'il tenait en sa main, il
l'ouvrit et lut, avec une douleur profonde,
ce qui suit :

« Vos principes d'insensé me compro-
mettaient, je ne veux pas imiter votre
extravagance que le ministre sait déjà,
grâce à l'empressement que vous avez
mis à lui en faire part ; dans sa colère il
va frapper un grand coup, se disant joué
par nous et ne pouvant rien contre moi
qui, du reste, ne ferai jamais rien contre
lui, il va forcer Dutilloy à se démettre de
sa direction ou il l'en démettra lui-même

en cas de refus. Qu'adviendra-t-il de cette
mesure sévère? Dutilloy vous pardonnera-
t-il, vous agréera-t-il encore pour gendre?
non, sans doute; ainsi par votre faute cet
hymen est rompu; d'une autre part, et
en conséquence de la fidélité que je dois
au gouvernement, je ne peux, non plus,
vous garder chez moi; ne cherchez ni à
me voir ni à changer ma résolution, elle
est inébranlable; vous possédez la fortune de votre mère, votre travail à son défaut vous suffirait; allez donc, hors de
chez moi; poursuivre votre folle chimère
d'indépendance; dès aujourd'hui je n'ai
plus de fils, votre sœur composera, dorénavant, toute ma famille; cependant vous
pouvez encore tout réparer, on n'annulera
votre brevet de nomination que demain
à midi; jusques-là on aura pitié de votre
délire, mais ce moment passé plus de
mariage, plus de père, car mon gendre,
quel qu'il soit, deviendra mon fils.

« Adieu. Votre père.

« RUMBEL. »

« *P. S.* Je pars avec Méline pour Auteuil, (sa maison de plaisance); qu'à mon retour demain, je ne vous trouve plus chez moi. »

III

Un Mystificateur mystifié.

> L'habileté du fourbe, en lui inspirant
> un fol orgueil, le rend dupe de ceux
> qui n'ont ni son adresse ni son astuce.
> — *Recueil de Maximes.* —

Surpris d'une ataque aussi brusque, le jeune Honoré allait opposer, sans doute, une résistance pareille, lorsque la lumière de la lampe qui éclairait cette chambre; ayant illuminé à propos le visage d'Ed-

mond, lui apprit que ce n'était pas à un
ennemi qu'il avait affaire, mais à un
amant intrigué ; mais en même temps il
se demanda pourquoi le prince de Morgteinsten se trouvait dans une telle maison :
ce n'était pas, dans ce moment, la question
incidente, il pensa qu'il valait mieux, ou
soutenir son rôle de jeune fille ou prendre celui de frère offensé, il allait parler.
lorsqu'Edmond trop pressé pour sa fantaisie.

— Eh ! mademoiselle, vous fais-je peur,
n'est-ce donc qu'ici que je peux vous re-
pourrais-je vous demander ce que vient
y faire une jeune fille si candide et si modeste.

Levraut surpris de ce début, écoutait
sans encore y rien comprendre; la suite
ne l'étonna pas moins, car Honoré, au lieu
de s'adresser à qui lui parlait, se tourna
gravement vers le second personnage et
en grossissant sa voix du mieux qu'il lui
fut possible.

— Monsieur, pourriez-vous me dire

quel est celui-là et pourquoi il m'en veut,
je le vois pour la première fois de ma vie.

— Mademoiselle, répartit Edmond qui
dans cette voix affectée crut reconnaître
l'envie de lui échapper ; il est vrai que la
fois unique où j'ai eu le bonheur de vous
voir, mon déguisement a pu vous empêcher de retenir mes traits dans votre mémoire, tandis que les vôtres sont em-
preints dans mon cœur, mais je vous ai
remis ma carte de visite, je suis...

Ici Edmond se rappela quel péril il y
avait pour lui à se dire Christian de Morgteinsten en présence de Levraut, aussi
s'arrêtant tout à coup, il hésita, non sans
redouter le péril de la réticence, et puis
continuant :

— Je suis l'ami de Clovis, celui avec
qui nous avons fait tous trois une promenade en voiture si lestement.

— Ah ! je sais tout enfin, dit en frappant du pied le malin jeune homme ; et
puisque je vous trouve bien disposé à jaser,
j'obtiendrai de vous les renseignémens

que la drôlesse de Cécile me refuse et que
je venais réclamer de ce polisson de Clovis.

— Quoi! mademoiselle, espérez-vous
me donner le change? me laisserai-je
éblouir au point de prendre , à cause de
ce vêtement, une charmante beauté pour
un jeune homme! mes yeux sont en ceci
trop en rapport avec mon cœur.

— Eh! voici la millième fois, répliqua
le groom en feignant un redoublement
de mauvaise humeur; que cette maudite
ressemblance fait des siennes! Non, monsieur, je ne suis pas la folle, l'étourdie créa-
ture dont la légèreté compromet sa famille, je suis John son frère, Écossais de
naissance, Languedocien d'habitation, et
je ne laisse point passer un jour sans regretter d'avoir fait venir Cécile à Paris,
remplir auprès de mademoiselle Tècle
Dutilloy le poste que j'occupe dans l'appartement de M. Amanieu, son frère.

Cette explication était plausible, et
néanmoins Edmond en doutait encore,

quand Levraut, (son regard exercé lui
eut bientôt montré la vérité), s'étonnant
de l'erreur d'Edmond, lui demanda s'il
ne savait pas distinguer à l'instinct de
la nature ce que ses yeux ne lui décou-
vraient pas.

— Suis-je donc trompé, répartit le faux
prince, quoi, mon garçon, tu n'es pas la
jolie personne....

— Je suis un frère malheureux et Clovis est un ami bien coupable, riposta
Honoré sans rien perdre de son aplomb.

— Ta sœur est charmante.

— Clovis est un infâme que je punirai
s'il ne l'épouse pas.

— Bon ! dit Edmond, enfant que tu es,
as-tu encore conservé les préjugés de ta
province ou de ton pays, et quel mal fait
Clovis en aimant une jeune personne ado-
rable ; il vaudrait mieux, il est vrai, pour
toi et pour elle, qu'un protecteur plus
opulent qu'un grand seigneur, en lui rendant la vie agréable, en te lançant dans
une carrière lucrative, vous dédomma-

geât de ce que vous perdrez, sois philosophe, tu deviendras heureux et riche,
la volupté t'en ouvrira le chemin ; quant
à Clovis, ton ami, sans doute....

— Il ne m'a jamais vu, j'ignore même
s'il sait que j'existe.

—Oh ! parbleu, répartit Edmond en
éclatant de rire, je t'en conjure jeune
homme, mystifie-le un peu, tu ne lui en
diras pas moins plus tard ce qu'il te plaira
mais pour un instant laisse-lui croire que
tu es ta sœur, il résultera de ceci une
scène piquante.

Levraut avait écouté avec indifférence
ce colloque pour lui sans intérêt ; plus
occupé de la mission qu'il avait à remplir, il prit Edmond à part, et lui dit
que, d'après ce qu'il venait d'entendre,
le jeune homme ne devait rien savoir de
ce qui se ferait, et il recommanda la discrétion devant lui.

Or, ceci, mieux encore, confirma Edmond dans sa conjecture ; le groom s'é-
tait dit au service d'un Dutilloy. Levraut

redoutait qu'on le mît dans la confiance ; c'était donc par crainte de compromettre le banquier devant un de ses valets. Bien assuré de ceci, et dans la pensée que sa perspicacité le rendrait à son tour redoutable au vieil intrigant ; il l'amena à une autre extrémité de la salle, et là, se penchant à son oreille :

— Mon digne ami, dit-il, vous servir, me devouer pour vous, me sera toujours agréable ; mais je trouve que, pour un matador de la finance, et pour qui je joue le rôle de *grand citoyen*, car Jacques Laffitte n'est pas le seul affublé de ce titre ridicule, on doit payer mieux ses agens ; et si l'occasion s'en présente, je me charge d'en dire un mot au banquier Dutilloy.

Une exclamation involontaire, et sa figure décomposée à cette relation inattendue, complétèrent d'abord l'école, et achevèrent la confusion de Levraut.

— Malédiction, ajouta-t-il, sur moi, imbécile ; sur toi, fin merle ; sur nous tous. Mais, Edmond, je n'ai rien dit avant l'explosion de ma surprise; non, rien qui ait pu t'ouvrir l'esprit, et pourtant...Démon... Satan véritable, tremble que ce secret dévoilé ne te coûte cher.

— Allons, gros père, pas de fureur; pensez-vous avoir seul le monopole de l'intrigue? j'ai plus d'une corde à mon arc, et je sais souvent ce qu'on croit que j'ignore. Voulez-vous la preuve de ce que j'avance? L'homme qu'il s'agit d'écarter ne se nomme-t-il pas sir Belton? n'est-il pas décoré de plusieurs ordres, et lieutenant-général au service d'Angleterre?

— De plus fort en plus fort, répondit le vieillard, dont la colère augmentait la consternation; et miséricorde, qu'allons-nous devenir, s'il te prend fantaisie de te faire payer par lui?

— N'en craignez rien, unique ami de ma mère, risposta Edmond en frappant familièrement sur l'épaule de cet homme coupable. Non, vous ne devez pas redouter un pacte entre moi et ce *goddem;* je ne sais ce qu'il a fait à celui qui nous achète sa vie, mais je suis instruit, j'espère, de ce qui se passe; et je vous jure que je vous en déferais si cela vous regardait uniquement à moitié prix. Non, non, vous n'aurez de moi ni trahison, ni fourberie; je veux gagner mon argent loyalement, je vous réponds des autres, je ne les mettrai pas dans notre confidence; et par là morbleu! si on veut se presser, ce sera avec un vrai plaisir que je me mettrai ce soir-là en embuscade.

Edmond allait poursuivre, lorsqu'une main légère frappa maçonniquement à la porte extérieure. Edmond tressaillit: c'était toujours son premier mouvement; puis il dit tout bas :

—Ah! je reconnais la main qui frappe; c'est celle de Clovis. Papa Levraut, vous allez assister à une scène plaisante.

— Des folies ne me conviennent guère, je vais me coucher; à demain, sois chez moi à dix heures, il y aura de l'argent à toucher pour toi et les amis.

Honoré, tandis que tout ce colloque avait été chuchoté loin de lui, s'était assis sur une escabelle, riant dans sa barbe, ou, pour mieux dire, dans son poil follet, de la perpétuité d'une mystification dont le prince continuait à être la dupe ; mais ce prince, lui-même, que faisait-il dans cette maison, où il était si bien à son aise ? Serait-ce donc un coureur de mauvais lieu ? Dans ce cas, mademoiselle Tècle, que depuis tantôt on lui donnait pour femme dans l'hôtel Dutilloy, ne serait pas heureuse avec lui. Ces réflexions, qui déjà le rangeaient du parti de cette amante affligée, l'occupaient encore lorsque Clovis fut annoncé. Levraut profita de l'ouverture de la porte, et Clovis, qui entra, la referma soudain.

— Est-ce toi, Orrouis ? se mit à dire Edmond, en affectant de l'embarras. Va vîte dans l'autre chambre où les amis t'attendent.

Et en parlant ainsi, il faisait le geste maladroit de vouloir cacher celui qui était là. Clovis, d'abord peu servi par la faible lueur de la lampe, n'avait pas aperçu le tiers; mais le mouvement calculé d'Edmond le laissa voir; il reconnut Honoré, et sa consternation, qu'il ne sut ni déguiser, ni vaincre, fut prise par Edmond pour une jalousie décontenancée.

— Parbleu! dit celui-ci en éclatant de rire, je gage, beau Clovis, que tu as cru posséder le phénix des amantes actuelles. Trop de suffisance nous perd, et la belle Cécile a bien voulu accepter ce soir un souper à nous trois.

— Cécile! répéta-t-il machinalement.

— Oui, Cécile, ta bonne amie, ne la reconnais-tu pas?

Peut-être que la longue habitude qu'avait Edmond de lire sur la physionomie humaine, lui aurait servi dans cette circonstance, si Clovis, instruit à l'avance de la mystification nouvelle qui rendait

Edmond doublement dupé, avait cherché à dissimuler son malicieux plaisir; mais dans l'occurrence, craignant, au contraire, que la première eut été découverte, ses traits peignaient l'anxiété, et Edmond s'y trompant encore, ne voulut y voir que l'amour-propre blessé.

Honoré de son côté craignant, par la faute de Clovis, une explication dangereuse, et cherchant à lui en faire comprendre le péril, soit par un geste, soit par un regard ou un mot lâché à propos, se détermina enfin à paraître en scène; il s'avança d'un pas et s'adressant à son jeune ami.

— John, pardonne-moi, je ne suis pas coupable, c'est toi que je venais chercher ici; ce monsieur, que je ne connais pas, que je n'ai jamais vu, m'y retient de force; ah! mon ami, je meurs si tu ne m'arraches à sa tyrannie.

Puis se penchant vers Edmond, il lui lança dans l'oreille un *est-ce bien?*

— Oui, à merveille, répond-il.

Clovis ne sachant ce qui se passait, croyant qu'Edmond était encore sous la tromperie du cabriolet se mit à jouer la comédie, à peindre un désespoir, une colère jalouse qui divertissait beaucoup le plus trompé des trois, qui enfin ayant fait assez durer la scène, crut que pour la terminer avec plus d'éclat il fallait laisser ensemble l'amant et la maîtresse ; son intention, en agissant ainsi, était de provoquer une querelle véhémente, car le jeune groom dès qu'il serait seul avec l'amant de sa sœur, changerait soudainement de rôle, et à la véhémence de cette dernière et piquante explication, les amis, les demoiselles de l'établissement accourraient pour rendre plus pénible le rôle ridicule de Clovis; mû donc par cette idée, Edmond doucement s'approcha de la porte de la chambre intérieure, l'ouvrit brusquement, y entra, la referma de même et employa du temps inutile à instruire de ce qu'il voulait faire, le groupe qu'il rassembla, car, à peine les deux amis furent ils seuls

qu'une explication rapide et claire eut
lieu, et voilà que pour laisser Edmond en
pleine incertitude de la façon dont la rencontre finirait, l'un et l'autre se précipitant vers l'escalier le descendirent rapidement, et rencontrant à deux pas de la
maison un fiacre s'en retournant à vide,
y prirent place; leur piste, par là, fut
perdue; les limiers qu'Edmond envoya à
la découverte, n'eurent pas le nez assez
fin pour les soupçonner dans la guimbarde
qu'ils croisèrent par deux fois.

IV

Le Cœur d'un prince.

> Les grands sont trop distraits pour
> pouvoir jouir des affections de l'âme;
> ils passent dans la vie sans s'y arrêter
> jamais.
>
> — *Recueil de Maximes.* —

Denis-André Delotry savait bien ce
qu'il faisait quand il demandait à être conduit chez l'ambassadeur d'Angleterre;
amené dès son bas-âge par un premier
protecteur dans les immenses possesions

de la compagnie des Indes ; il s'était fait
naturaliser Anglais par suite de l'adoption
que son protecteur avait fait de lui ; ensuite il déploya, à mesure qu'il avançait
en âge, autant de bravoure dans la carrière militaire qu'il suivait ostensiblement, qu'il faisait preuve d'habileté en
dirigeant de loin, et par la force d'un esprit supérieur, les riches domaines aux
îles et le grand commerce de lord Belton
sur les deux rives du Gange, le Japon et
la Chine.

Ce n'était donc plus un Français, que le
jeune homme adopté par un Anglais, qui
lui donnait ensemble, sa fortune et son
nom ; de si loin d'ailleurs on faisait moins
d'attention à la chose ; chaque fois qu'une
action d'éclat amenait sur les gazettes le
nom du jeune Belton, le cabinet de Londres ne croyait, en lui envoyant un nouveau grade ou une décoration, que récompenser généreusement un enfant de
la vieille Angleterre ; ce fut ainsi qu'entré
au service à dix-huit ans, Delotry le Fran-

çais et fils aîné de sa famille, se trouva à soixante, comme je l'ai dit, grand-croix de l'ordre de Saint-Ferdinand d'Espagne, chevalier de l'ordre du Bain et officier-général ; de plus, baronne par son propre titre, avec l'espoir prochain d'une pairie, car on lui connaissait pour plusieurs millions de terres à grand rapport, et une somme immense déposée à la banque de Londres.

Ne voulant pas à Paris se faire connaître d'abord sous son nom étranger, se refusant aussi à y prendre celui de Delotry auquel sa filiation étrangère, bien que légale, lui ôtait tout droit, il avait cru éviter ces deux embarras en se donnant à soi-même la qualité avec le nom de son premier agent d'affaires, de son intendant suprême, qui, instruit de son dessein, l'y soutint en lui remettant toutes les pièces probantes propres à établir que lui-même consentait à cette prise de nom. Ainsi, Denis-André Delotry en France, le baronnet Belton aux Grandes-Indes, se métamorphosa, malgré leur identité, en arrivant sur la côte de France, en un troisième individu portant le nom de Julien Saurage; ainsi un maître représentait son subordonné, et fesait secrètement ses propres affaires.

Ce fut par la volonté expresse de Belton Delotry, que l'intendant Julien Saurage fit arriver, de divers points du globe, de Calcuta, de Batavia, de New-Yorck, de Boston, de Londres, de Cadix, d'Amsterdam, de Hambourg, etc., sur Paris et dans la caisse du banquier Dutilloy, les onze millions dont on a déjà parlé plusieurs fois; leur propriétaire les destinait à lui faciliter l'entrée dans la maison de son frère.

Mais on a vu comment l'affaire avait tourné: l'aîné Delotry, indigné de la conduite de son puîné, et espérant ajouter à son embarras, en paraissant s'y précipiter soi-même, avait néanmoins commis une telle imprudence, que, pour la réparer, il lui avait fallu choisir entre une reconnaissance complète, ce qui ne lui convenait pas encore, ou à se servir du secours de l'ambassadeur anglais.

Ayant donc demandé à être conduit devant son excellence, qui déjà était dans son secret, il en avait été réclamé solennellement, et en tels termes, que l'officier de paix, dans la frayeur de rompre, par trop de persistance, la paix qui règne entre les deux empires, s'était empressé de se retirer, et cela plus vîte que le pas.

Délivré de cette fausse position, et voulant donner du répit à son frère, Denis Delotry, convint avec Arsène, son avocat, qui, comme on le sait, l'avait accompagné à l'ambassade britannique, que celui-ci, en sa qualité d'homme de loi, se rendrait à son tour chez Dutilloy, et tâcherait de l'amener à de meilleurs sentimens. On a vu de quelle manière la scène s'était engagée entre le beau-père et le gendre futur; comment le premier avait refusé tout rapprochement avec une fa-

mille dont il ne voulait pas être, et que son
orgueil féroce repoussait.

Mais pendant que ces choses avaient
lieu, les rapports que venait d'avoir avec
la famille du banquier le baronnet sir Belton, rappelèrent à ce dernier qu'il avait à
terminer, à Paris, une seconde affaire
non moins importante.

Dans les Indes, on se lie plus facilement et avec plus d'intimité surtout qu'en
France; chez nous la multitude de dis-
tractions, de personnes à voir, de travaux
à suivre, de devoirs à remplir, font que
le loisir de s'attacher manque; à peine si
on peut de loin en loin se faire un ami.
Dans l'Asie, au contraire, sur les bords
du Gange, il reste aux Européens, même
les plus occupés, de longues heures où
l'on ne sait que faire. Là d'ailleurs n'a-
bonde pas la foule des gens aimables, ou
supérieurs par leur génie, leurs talens,
et leur rang.

Lorsqu'on a le bonheur d'y rencontrer
une personne digne d'affection et d'es-

time on s'attache à elle , on en comprend la valeur et on sait l'apprécier et en jouir. Ce fut donc sur cette terre fertile où l'ennui assiége souvent ceux qui n'y sont pas nés, que sir Belton rencontra par hasard, le prince Christian de Morgteinsten. Tous les deux en se voyant se comprirent et s'apprécièrent : ils ne tardèrent pas à se voir chaque jour, bientôt on voulut ne plus se quitter, et les inséparables, ainsi qu'on les nomma, n'eurent aucun secret l'un pour l'autre.

Dans les heures délicates d'épanchement mutuel, lorsque deux êtres ont les mêmes goûts, les mêmes pensées, il est rare que tour à tour on ne prenne pas son ami pour confesseur et qu'on ne lui dévoile ce qu'on voudrait se cacher à soi-même, et qu'on ne sait pas taire à cet ami.

Dans un de ces momens que je dépeins, le prince Christian, nouvellement arrivé de France, confia à sir Belton que, retenu dans une ville du midi par la luxation d'un bras, il y avait lié une intrigue avec une jeune personne, remarquable par sa beauté, ses grâces, ses vertus. Le prince était incognito, ayant la manie de ne pas voyager selon son rang, il n'avait alors pas même un domestique, ce qui lui facilitait le moyen de rester inconnu.

Son amour, loin de diminuer augmenta; mais en même temps il dut renoncer à la pensée d'obtenir pour maîtresse celle qui qui ne se donnerait qu'à son mari : lui se détermina à l'être, cependant il la trompa sur sa position sociale, et profitant des papiers dans lesquels il n'était nommé que du nom particulier et primitif de sa famille, il put aller à l'autel, à la commune, satisfaire complètement à la loi sans rien faire d'illégal.

En se liant ainsi il n'avait pas bien calculé ce qu'il prétendait faire pour l'avenir. Enchanté de sa femme, il vécut pendant deux ans avec elle; mais en lui donnant un fils, la malheureuse trouva la mort, lui dans son désespoir ne voulut pas rester plus long-temps dans cette contrée, il laissa aux mains du frère de sa femme cent mille écus comptant; cette somme placée servirait à payer l'éducation de son fils que plus tard il appellerait auprès de lui.

Cela fait, le prince recommença sa vie aventureuse, il oublia d'écrire à son beau-frère, quatre ans s'écoulèrent et il se perpétua dans la négligence; enfin, à cette époque ayant eu honte de son silence, il le rompit, et indiqua un lieu où l'on pourrait lui répondre. Son beau-frère n'y manqua pas : il le prévint que la santé de son fils était très chancelante, en même temps, il demandait dans le cas où son neveu irait rejoindre sa mère ce qu'il faudrait faire des cent mille écus.

— Si mon fils meurt, répondit le prince, que cette somme vous reste en souvenir de moi,

Courrier par courrier le beau-frère écrivit de nouveau, il avoua que lors de l'envoi de la lettre précédente le fils du prince était expiré depuis six mois et qu'il n'avait pas osé d'abord l'en instruire. Le prince très chagrin, bien qu'il ne connut pas cet enfant, confirma une autre fois le don d'une somme dont lui seul connaissait l'existence, et dès ce moment cessa d'avoir des rapports avec une famille dont il tenait même à se faire oublier.

Plusieurs années s'écoulèrent ainsi lorsque dans une des villes de l'Inde, autre que Calcuta, où il trouva lord Belton, le hasard encore, ou plutôt la Providence, le mit en face d'un des anciens voisins de la famille de sa femme. Cet homme l'ayant reconnu l'aborda; et après les premiers complimens mit un malin plaisir à lui faire connaître que son fils qu'il croyait mort, vivait encore, et avait disparu de chez son oncle où il menait une vie dure car n'ayant aucune fortune, ses parens ne le supportaient qu'à regret.

Le prince étonné de cette nouvelle, possédant d'ailleurs les lettres de son beau-frère doüta de ce récit, il battit froid au conteur, le quitta, mais y ayant mieux réfléchi il voulut le revoir le lendemain. Quant il se présenta au lieu de sa demeure, il sut que dès le matin cet individu s'était embarqué sur un vaisseau, se rendant en Amérique.

Le prince, il faut l'avouer, possédait une forte dose d'égoïsme. Ce vice odieux lui fit apprendre, quoiqu'avec indifférence, une nouvelle qui aurait dû le ramener en France; mais regardant ce mariage avec ses idées féodales comme un coucubinage honorable, il remit l'enquête à faire lors de son retour en Europe.

Peu après il se vit avec sir Belton auquel il raconta cette histoire, dont sans doute il ne se glorifiait pas. Son ami ranimant en son cœur les sentimens paternels lui fit concevoir ses torts et combien il serait blâmable s'il ne reconnaissait pas solennellement ce fils, il travailla si bien que le prince revint sur tout ceci.

D'abord et par actes authentiques, diplomatiques, administratifs et judiciaires, qu'il fit attester par le gouverneur de l'Inde et par les autorités compétentes il reconnut ce fils non-seulement comme l'héritier de ses biens privés mais comme devant être son successeur à la couronne, dans le cas où il viendrait à mourir sans avoir de fils mâle, et né de son second hymen, s'il avait lieu avec une princesse d'un rang pareil au sien.

De plus, cet enfant baptisé sous les prénoms d'Albert-Ernest-Ferdinand-Clovis, fut mis sous la direction spéciale, (lui prince vivant,) ou sous la tutelle, après sa mort, de sir Belton : S. A. S. confiant à celui-ci des titres, actes, instrumens, documens, chartes, brevets, contrats qui assureraient à l'enfant, en outre des états de son père, la somme de trente millions disséminés sur des banques d'Europe, par la prudence de S. A. R. le prince Ferdinand, père de S. A. R. le prince Christian : Ce souverain avisé, craignant des révolutions, avait voulu assurer à son fils une pleine indépendance en cas de malheur. Belton fut aussi nanti de diamans, de pierres fines montant à une valeur énorme, ainsi que d'une forte somme d'argent comptant.

Plusieurs copies de ce testament furent faites et envoyées en diverses cours de l'Europe, notamment à Vienne, et toujours par le conseil de Belton qui, prêt à rentrer en France, s'engagea d'aller par lui-même reconnaître l'existence ou le décès de cet enfant auquel il s'intéressait tant, quoique le prince lui eût tu obstinément et le nom de la ville et celui de la famille maternelle de l'enfant, néanmoins comme il ne pouvait toujours faire un mystère de ce nom, il l'écrivit, le mit sous enveloppe, en exigeant de sir Belton qu'il n'ouvrirait celle-ci qu'à son arrivée en France.

Toutes ces choses ainsi conclues, le prince Christian de Morgteinsten toujours emporté par son humeur vagabonde,

voyant son ami s'apprêter à repasser en
Europe voulut l'y précéder, mais pour y
revenir il prit la route de terre, traversa
le Mogol, la Perse, l'Arménie, puis erra
dans diverses contrées jusques au moment
fatal où il trouva la mort, ainsi que je
l'ai dit, en Grèce et dans les montagnes
de l'ancienne Laconie.

De son côté, sir Belton revenait en
France, mais en s'arrêtant plusieurs fois
sur le chemin, débarque à Marseille, il se
rend à Carcassonne, à Castelnaudary, à
Toulouse, à Saint-Félix ; là il songe non-
seulement à ses affaires particulières mais
encore à celles de son ami, et avec une
surprise douloureuse il trouve que sa
propre famille est compromise dans cette
aventure. La jeune femme épousée par
Christian de Morgteinsten est sa nièce, il
arrive au coupable beau-frère qu'il force
à s'avouer coupable, il convient qu'il a
menti, que le jeune Clovis se porte bien,
mais où est-il? il l'ignore, il l'a amené à
Paris, l'y a laissé, lui a fourni peu d'ar-

gent, et même depuis deux ans il a cessé avec lui toute correspondance.

Belton ou Délotry, après avoir traité avec mépris ce parent avide, autre loup cervier, mais provincial, après lui avoir arraché, non-seulement les cent mille écus, mais encore les intérêts; car cet homme était riche d'ailleurs, partit pour Paris dans le double but de ramener le banquier à de meilleurs sentimens envers les siens, et de s'occuper à la fois de la recherche de Nazaire-Félix, son autre frère, et du jeune et infortuné Albert-Ernest-Ferdinand-Clovis, fils légitime et héritier de très-haut et très-puissant prince Christian de Mörgteinsten.

Déjà une portion de son plan était accomplie : le feutier de la Comédie-Française ayant été retrouvé, avait été placé, jusques à nouvel ordre, dans une maison habitée uniquement par des Languedociens. Là, heureux d'avoir retrouvé son frère aîné qui fournissait non-seulement à ses besoins, mais encore cherchait à

lui procurer, pendant ce temps de retraite forcée, l'éducation suffisante à sa
nouvelle position. L'aîné des Delotry n'a-
vait pas attendu ce moment pour amé-
liorer aussi, et rendre aussi agréable que
possible le sort de son vieux père et de sa
mère presque aussi âgée.

Mais encore il n'avait pu toucher le
cœur de roche de son puîné, ni se procurer
des lumières sur l'existence douteuse de
Clovis. Vainement avait-il eu recours à la
police; celle-ci restait muette : il ne savait quel autre moyen employer, lorsque
de Saint-Félix lui vint une prière en faveur d'Honoré Mantel, domestique au service d'Amanieu Dutilloy; en même temps
il apprit par Arsène qu'un prince Christian
de Morgteinsten habitait Paris et qu'il venait en ami chez le banquier.

A ce nom qui réveilla un tendre souvenir dans l'âme de Belton-Delotry, il ne
douta pas que ce ne fût son compagnon
de chasse aux tigres dans les plaines voisines du Gange, et dès qu'il eût obtenu

son adresse il y courut ; mais son désappointement fut extrême : le prince son
ami était mort, un frère puîné occupait
sa place. Belton n'avait rencontré en lui
ni la même sympathie, ni le même amical
accueil ; quelque chose de répulsif même
l'éloignait de ce nouveau souverain qui,
en paraissant ignorer l'existence de l'enfant de son frère, ne semblait pas, non
plus, disposé à reconnaître ses droits dans
le cas où on le lui présenterait.

Rien de tout cela ne satisfaisait Delotry,
et, au milieu de si hauts intérêts, il avait
même oublié de réclamer la somme que
le banquier gardait encore en caisse, et
que lui non plus ne se souciait pas de
restituer aussitôt, tant elle lui rappor-
tait.

Un nouvel incident occupa encore plus
l'attention de Delotry ; ayant fait savoir
au jeune groom qu'il avait à lui parler de
la part de ses parens, Honoré, dès qu'il
fût instruit de ceci, s'empressa de profiter
de la première heure de liberté pour ac-

courir chez le riche et prétendu Anglais.

La mine éveillée du jeune Languedocien, ses manières simples et tout ensemble respectueuses, inspirèrent en sa
faveur beaucoup de bienveillance et d'envie de le servir à son compatriote qui,
pour montrer son intérêt, questionna Honoré sur ce qui le touchait, sur ses maîtres, sur leur caractère et sur la façon
dont ils se conduisaient envers lui.

Honoré, loin de décrier ses patrons,
selon l'usage trop établi parmi ceux de
son espèce, fit au contraire leur éloge, et
se montra plutôt reconnaissant de leurs
bontés que porté à médire de leur conduite, et cette modeste réserve, loin de
lui nuire dans l'esprit de l'interrogateur,
le porta au contraire à s'attacher à un
adolescent qui avait un esprit naturel vif,
et qui joignait un fond d'honnêteté, de réserve dont ne sont pas capables, en général, les jeunes gens de l'époque.

Honoré, joyeux des dix louis que Delotry lui avait remis en récompense de sa

bonne conduite et de sa franche tenue ;
repartait le cœur ivre de joie, lorsqu'une
idée frappant tout à coup Delotry, il s'a-
visa que le jockey Mantel, étant de Saint-
Félix, saurait peut-être quelque chose
touchant le sort tant recherché par lui
du fils perdu de Christian Morgteinsten,
Delotry ignorant sous quel nom ce malheureux était connu à Paris, ne voulant
pas, non plus, éveiller des intrigans toujours prompts à répondre au premier
appel qu'on leur adresse, se contenta de
demander à Honoré s'il connaissait, à
Paris, des adolescens sortis comme lui de
sa ville natale.

Honoré, à cette question, nomma et dé-
signa trois individus, mais leurs noms et
leurs familles bien connues n'avaient rien
de commun avec l'objet des recherches
de Delotry ; enfin il en vint à parler de son
ami, et à peine eut-il prononcé le nom de
Clovis, que son interrogateur frappé du
rapport qu'avait ce prénom avec l'un des
quatre portés par le fils du prince, arrê-

tant Honoré, lui demanda si cet adolescent ne s'appelait pas aussi Orrouis.

—C'est son nom de famille, répondit Honoré, c'est celui sous lequel je l'ai toujours connu.

Delotry sut cacher sa joie parce qu'avant de rien découvrir à qui que ce fût de la chose qu'il avait tant à cœur d'éclaircir, il voulait connaître le personnage appelé à jouir d'une fortune aussi relevée, pour commencer, il se contenta d'engager le jockey à voir ce jeune homme et à le lui amener.

Peut-être ajouta-t-il, et non sans raison, s'il vient ne se repentira-t-il pas de sa visite, j'ai vu ses parens à Saint-Félix, comme les vôtres, et il se pourrait bien qu'ils m'eussent confié quelques écus à son intention.

Cela suffit, et Honoré aussitôt promit de conduire auprès de son nouveau protecteur, son ami et compatriote, Clovis Orrouis, et on a vu comment en allant le

rechercher il avait fait la rencontre pé-
rilleuse d'Edmond Miltard, cru par lui
prince Christian de Morgteinsten.

V

Les deux Époux et les deux Amis.

Que de fois dans certains ménages,
l'intérêt prend la parure et l'apparence de l'amour; le déguisement le
plus vif de l'intérêt, c'est quand il
cherche à se couvrir du manteau de
l'hypocrisie.
— *Recueil de Maximes.* —

Le banquier Dutilloy était dans son cabinet, mais peu occupé à son travail ordinaire: à son inattention, à sa vivacité
qu'il cherchait à contenir, à ses mouvemens brusques et multipliés, un obser-

vateur aurait reconnu qu'il était dans l'attente d'une réponse à laquelle il attachait beaucoup d'intérêt ; ses regards se tournaient souvent vers une porte intérieure, puis il reprenait sa plume, la trempait machinalement dans le cornet, puis l'y oubliant, ouvrait un livre, tournait le feuillet ; mais si ses yeux cherchaient à lire, son intelligence était ailleurs.

Tout à coup cette porte qu'il regardait par fois avec tant d'impatience, fut ouverte lentement et la tête de madame Dutilloy parut, non la tête haute et avec cette confiance en elle-même qu'on lui savait ; mais avec tous les symptômes du mécompte et de l'abattement : elle s'avança à pas lents, peu empressée de parler, manière d'agir qu'on ne lui connaissait guère, et passant auprès du bureau où l'attendait le banquier impatient ; elle alla s'asseoir non avec solennité, mais en se laissant tomber comme entièrement affaissée sous le poids de sa mauvaise humeur.

Certes il suffit de cette pantomime éloquente, du jeu rapide et colérique de son éventail pour annoncer à tous combien elle était furieuse, trompée et désappointée. Ses paroles seraient-elles plus expressives, non sans doute, et bien pourtant son mari qui aurait voulu douter du coup accablant, osa levant la tête lui dire :

—Eh bien!...

—Eh bien! monsieur, la France marche à sa perte, il y a pleine révolte parmi les enfans, aucun de ceux-ci ne veulent se soumettre à l'obéissance paternelle; notre fille se moque de nous et nous brave, elle persiste à refuser l'honorable époux que nous voulons lui donner?

—Mais savez-vous, madame, que ce caprice est insoutenable, et quelle raison assigne-t-elle à son refus.

Qu'elle a aimé avec notre consentement, qu'avec notre approbation elle a accepté son mari, et que maintenant qu'en fille soumise elle a donné son cœur à un mari de notre choix, la pudeur, la modestie lui

interdisent de le reprendre et de le porter à celui qui ne l'obtiendra jamais.

— Mais, madame, s'écria Dutilloy, en se
levant et en se promenant avec action dans
la chambre, savez-vous que tout cela est
du pathos, du sentiment consulat ou empire; ma fille cependant est de la restau-
ration, se peut-il qu'elle se lance dans les
espaces imaginaires, c'est folie... folie
complète je n'entends pas qu'elle agisse
ainsi.

— Eh, monsieur, pensez-vous que j'aie
laissé quelque chose à faire ou à dire, ne
sais-je pas comment je dois parler à ma
fille, il n'est aucun côté par lequel je n'aie
voulu l'emporter; mais toujours ferme,
toujours invincible, elle m'a répondu ce
que je vous ai dit déjà, peut-être qu'a-
vec du temps et de la patience.

— Du temps, de la patience! eh! morbleu! je perds l'un en vous voyant gaspiller
ainsi l'autre; ne savez-vous pas combien
bien un tel hymen nous honore, nous

élève au-dessus de cette tourbe de gens de comptoir et de commerce,

— Il me semble, monsieur, que j'ai eu la première cette idée alors sottement combattue par vous, et qu'aujourd'hui vous vous appropriez, assurément si cet hymen s'accomplit nous serons hors de Paris.

— Et pour qu'il s'accomplisse il n'y a pas une minute à perdre, répartit le banquier, voyez, et ceci est digne d'attention : le prince a fait acte de galanterie quand nous n'étions que riches, et s'il a formulé sa demande, songe que cela a suivi seulement ma nomination de directeur-général.

— Je l'ai vu comme vous; mais où voulez-vous en venir ?

— Que le prince retirera sa parole si au lieu d'aller vers le ministère je rétrograde jusques à ma première et honteuse situation.

— Mais vous n'y reviendrez pas de long-temps j'espère, vous êtes solidement établi; votre crédit, votre considération, votre popularité...

— Chimères.... étincelles.... ballons gonflés de vent; qui me soutient, qui m'endosse, personne. Ce malheureux Arsène seul m'a poussé aussi haut, c'était lui que le ministère payait en moi et maintenant que par son extravagance il est devenu l'ennemi du ministère, je tremble...

— Parlez... dites, que craignez-vous?

— Parbleu! s'il faut le dire, ma destitution prompte est sûre puisque je me refuse à donner ma démission.

Vous destituer... vous chasser, non moins que si vous étiez un polisson républicain ou un fanfaron carliste. Allons, monsieur, cela ne se peut; et encore, la chose probable, c'est se manquer à soi-même, c'est se déshonorer volontairement que de le présumer.

— Je vous remercie de votre haute opinion de mon importance, mais en réalité que sommes-nous: des hommes nouveaux...Ah! si ma fille refuse le prince de Morgteinsten la fin de ma carrière sera malheureuse; qu'ai-je donc fait pour ne pas mériter l'amour de ma fille?...

Ici le banquier s'arrêta, son cœur vivement frappé lui rappela sa propre conduite, l'abandon de ses parens et le juste retour qui le frappait maintenant; son visage devint pâle, son front s'assombrit, et il se concentra dans un silence mélancolique. Madame Dutilloy le respecta quelque temps, mais enfin, elle aussi, dévorée d'inquiétude à cause des propos que son mari lui avait tenu ne put plus long-temps se taire et se levant du canapé pour se rapprocher du bureau :

— Monsieur, dit-elle, vous ne parliez sans doute de votre destitution que parce que vous la craigniez car je ne puis me figurer que le ministère voulut la donner de gaîté de cœur à si puissant ennemi.

— Eh! madame, répliqua Dutilloy, à cette époque le pouvoir brave tout parce qu'aucun de nous ne possède une importance réelle; autrefois les grandes familles étaient un poids dans la balance, maintenant toute la banque de Paris n'équivaudrait pas à la valeur d'un Montmorenci ou d'un Rohan.

— Mais avez-vous une raison positive de craindre de me rassurer sur ce point.

— Oui, nous sommes perdus : tandis que vous étiez à catéchiser en vain votre fille, le secrétaire perpétuel de son excellence, sous prétexte de venir me complimenter sur ma nomination, m'a fait clairement entendre que le Conseil espérait que je me destituerais. Est-ce ma faute si Arsène est un misérable, un insensé? Est-ce que le gouvernement trouvera un homme plus dévoué que moi à ses volontés? qu'il me dicte mes pas, mes discours, mes actes, ai-je dit à son agent, il n'est rien que je ne fasse, rien à quoi je ne me soumette pour le contenter, mais que je renonce à ma direction bien aimée; ah! jamais.

— Et vous avez parlé en héros, répon-

dit sa femme, en homme de désintéressement et de haute indépendance; si on
ne rend pas justice à de pareilles qualités
ce sera parce que le pouvoir a passé secrètement entre les mains des jésuites. Où
trouveront-ils de meilleurs royalistes, de
famille plus dévouée... non, non, on
n'osera pas vous frapper d'une disgrâce :
ce serait un coup d'état.

Ici la conversation animée entre le mari
et la femme fut interrompue par l'entrée
subite de Loyset, qui se doutant d'être
venu mal à propos se hâta de faire connaître la cause de son apparition.

—Monsieur, dit-il, voilà M. l'avocat
Rumbel le père qui demande à vous
parler, et qui, de préférence à vos laquais,
sans doute, m'a choisi pour vous faire
part de son désir.

—Rumbel, que nous veut-il? dit le banquier.

—Oh! sans doute renouer un mariage
rompu, dit madame Dutilloy.

— Cela ne se peut plus, nous avons d'autres engagemens.

— Eh bien! il faut le lui avouer, afin que la rupture soit complète.

— Moi, avoir avec lui une discussion, songez que dans nos situations respectives je dois le ménager.

— Vous, le ménager!

— Certainement : le personnage qui sort d'ici me l'a bien recommandé.

— Ainsi, répliqua la banquière en affectant tous les signes de découragement, il serait, par son rang, votre supérieur. J'en mourrais de honte ! vous, le flagorner ! le contenter dans ses manies !... Que votre porte lui soit fermée, afin de bien marquer du premier jour la distance qui vous sépare.... Allez, Loyset, dire à Monsieur Rumbel que les immenses travaux de la direction-générale absorbant tous les instans de Monseigneur, il ne peut recevoir personne; que si M. Rumbel croit avoir à lui dire quelque chose pressée, il le lui écrive, ou bien qu'il repasse dans la semaine prochaine.... Allez, mon ami.

Le caissier s'inclina humblement et sortit. Le banquier alors :

— Rumbel sera furieux.

— Que vous importe. Vous le marquez ainsi de votre cachet ; croyez-moi, sachez tenir votre rang, porter haut la tête, et surtout ne plus vous familiariser avec ces bourgeois... Quant à moi, fille de condition, je ne veux, dorénavant, frayer qu'avec mes égales.

— Que je voudrais, dit encore Dutilloy, préoccupé d'une seule idée, que ma fille, plus raisonnable, épousât le prince de Morgteinsten.

Quelques autres propos furent encore échangés avant le retour de Loyset qui reparut portant un morceau de papier sur lequel Dutilloy mécontent put lire la phrase suivante :

« Nous sommes des hommes publics,
« et, comme tels, nous avons à régler en-
« semble un fait politique. Je ne puis me

« retirer sans vous avoir vu. J'insiste donc
« et j'attends »   RUMBEL.

— Mais, c'est de la violencè, s'écria la
dame. Cet homme est bien mal appris.
Allez, Loyset, une seconde fois lui dire...

— Non, ma chère amie, je ne peux le
repousser ainsi, il est député, je te le répète, et inamovible pendant la législature, et le ministre me saurait mauvais
gré..... Loyset, introduisez-le.

— Quant à moi, répartit la dame avec
un redoublement de mauvaise humeur,
je ne pourrais avoir votre sang-froid
bienheureux, aussi je me retire. Ce que
vous avez à lui dire ne sera pas de son
goût : faites-lui comprendre la distance
qui existe entre son fils et un souverain.
Le bon homme, du moins je m'en flatte,
se condamnera lui-même, et nous laissera
libres enfin de disposer de mon enfant.

Comme madame Dutilloy sortait par le
corridor intérieur, le valet de chambre
du banquier, affectant déjà les manières

imposantes d'un huissier à la chambre d'un de nos ministres, annonçait, par l'entrée du salon, l'honorable député monsieur Rumbel.

Celui-ci s'avança d'un pas grave. On aurait dit que, s'essayant aux jeux des saltimbanques, et ayant tenté d'avaler une épée, elle était restée fixée dans son estomac, et, par conséquent, le contraignait à se montrer raide, guindé, et, comme on dit, tout d'une pièce. Son salut se ressentit de la réalisation de ce que je suppose : il consista en une immobilité parfaite de la partie basse du corps, depuis les hanches, et, dans un mouvement mécanique de la poitrine, du col, de la tête et des bras qui s'inclinèrent tous ensemble et se relevèrent simultanément avec la même affinité.

Monsieur Dutilloy, au contraire, parut fixé à sa place comme si une fée maligne l'y eût retenu par enchantement. Son corps en entier conserva la même attitude; la tête seule se pencha en avant, tandis que la bouche embellissait d'un sourire administratif cette majesté d'un quasi-ministre.

— Monsieur le député, asseyez-vous.

— C'est par votre commandement, Monsieur le directeur-général.

Et aussitôt l'honorable se laissa tomber dans un fauteuil que cette lourde prise de possession fit craquer de manière à faire craindre sa prompte et complète dislocation.

Dutilloy en fit autant, mais plus en maître du logis qui ménage la vieillesse de son mobilier. Cependant le titre que le député lui avait rendu en échange, charma quelque peu la vague inquiétude qui le dominait malgré lui. Elle le porta même à vouloir se montrer de plus en plus gracieux. Aussi débuta-t-il par complimenter l'avocat sur sa législature: puis, et sans donner à celui-ci le temps de répondre, il ajouta qu'il se serait rendu le premier chez Monsieur Rumbel s'il n'eût

craint que, vu la circonstance particu-
culière, il en fût mal accueilli.

—Eh! monsieur, pourriez-vous le croire,
répliqua le député, qui prit le change,
étant tout à son idée, ainsi que nous le
sommes tous en pareil cas : grâce à mes
principes philantropiques, je sais trop
les égards que je dois à ceux qui sont en
votre position, j'en apprécie l'embarras
et j'ose croire qne je vous aurais prouvé
par ma condescendance...

—Vous me charmez, monsieur, répliqua
vivement Dutilloy, je croyais que tenant
davantage à nos anciens projets...

L'avocat à ces mots comprit qu'il s'é-
tait fourvoyé ; mais en même temps trop
piqué pour pardonner à son ancien ami la
brusquerie de la rupture, il se promit
certes de la lui faire payer cher, et mieux
affermi sur ce terrain qu'il commençait
à connaître, il répartit ainsi :

—Je sens autant que vous, et plus encore, l'extravagance de mon fils ; loin de
la lui pardonner aussi, et pour que le mi-

nistère, bien que son pouvoir fut nul sur moi, ne put aucunement m'accuser de parjure, j'ai pris une résignation qui a brisé mon cœur paternel, mais que me commandait mon indépendance ; je me suis séparé d'Arsène, qui dorénavant habitera une maison qu'il possède du chef de sa mère, vous, en même temps, avez retirée la parole que vous nous aviez donnée, je vous suis d'autant plus reconnaissant d'avoir pris l'initiative que vu ce qui se passe, j'étais forcé, bien à contre cœur, de vous signifier la même résolution.

—Vous, dit le banquier avec surprise, est-ce qu'il y aurait à Paris une princesse souveraine éprise de votre fils.

—Non assurément, et de telles alliances sont peu de mon goût, un citoyen français professant des idées libérales, celle que vous propagiez encore la semaine passée, ne va pas chercher le bonheur de ses enfans dans les pompes de la féodalité ; mais parce qu'il m'eût semblé inconvenant de m'allier avec une famille qui doit nécessairement se ranger dans l'opposition.

—Parbleu! répondit Dutilloy, en affectant de rire, ce motif de rupture n'eût pu exister, car par opinion, conviction, justice, enthousiasme, dévouement et patriotisme, ma vie, mes talens, mon éloquence, mon civisme, ma fortune, sont et seront à jamais, en tel temps que ce soit, en telle position que je me trouve, consacrés au ministère et au gouvernement actuel à tout jamais.

—Vraiment, dit le député, en homme qui s'étonne.

—En doutez-vous, n'ai-je pas fait preuve de civisme et de fidélité, me suis-je plaint tant qu'on m'a laissé dans la foule, je vous le répète, je suis tout dans mon avenir au service du pouvoir actuel, je connais ses vues excellentes, son patriotisme, son désintéressement; chaque ministre à part sont des l'Hôpital, des Sully, des Colbert, et la seule envie, la plus noire méchanceté peut obscurcir la gloire dont ils brillent.

—Ah! monsieur, s'écrie Rumbel, en levant ses bras au ciel, comme pour le
prendre à témoin de son enthousiasme,
vous êtes un homme d'or, vous faites vivre
pour moi ces Minos, ces Miltiade, ces Aris-
tides ; vous me rendez Fabius, Cicéron,
tous ces grands hommes fidèles à leur patrie ingrate.

—Comment donc dites-vous, répartit le
banquier étonné de la tournure de cet
éloge.

— Oui, vous surpassez Témistocle, Dé-
mosthène, en vous consacrant ainsi et sans
retour à un ministère, qui tout en appré-
ciant vos vertus, votre mérite supérieur,
se voit contraint, à regret sans doute, à
renoncer à votre participation à ses travaux.

— Qu'est-ce, monsieur Rumbel, demanda Dutilloy avec vivacité, tandis que
son cœur commençait à battre, que voulez-vous dire...

—Eh! mais ce qui me désespère, ce qui
brise mon cœur aimant, ce que je n'ai

pas voulu que l'on confiât à un indifférent,
à un homme moins fait pour vous apprécier...

—Eh! morbleu, faites trève à vos phrases
de grand'chambre, et développez-moi le
message infernal que votre malice aurait
craint d'abandonner à autrui.

—Je livre aux vents vos paroles injustes
et amères, dit le député en affectant un
redoublement de dignité, et m'enveloppant
dans mes bonnes intentions, l'estime que
je vous porte et ma vertu, je vous apprendrai avec un surcroît d'affliction, que le
ministère qui ne vous nommait à la Direction du commerce et des manufactures,
qu'en raison du mariage de mon fils avec
votre fille, instruit que vous seul l'avez
rompu, n'a dès-lors pu trouver d'autres
motifs pour vous confier cette charge; et
continuant de détruire ce que vous aviez
commencé de briser, m'a donné commis-
sion ou d'accepter votre retraite, s'il vous
convient de la donner, ou, en cas de refus,
d'avoir à vous signifier purement et simplement votre destitution.

Toujours des Loups-Cerviers.

> Si par cas la race des démons ve-
> nait à s'éteindre dans l'enfer, les
> damnés ne gagneraient pas au
> change, si Dieu lâchait après eux
> certains avoués.
> — *Recueil de Maximes.* —

— Il faut que je le voie, il faut que je lui parle, dites-lui, mon garçon, que c'est son meilleur ami, celui dont les conseils, dont les ressources de science et d'imagination doivent, maintenant, lui être plus précieux que jamais... Soit, qu'il ait défendu sa porte à la foule, c'est à merveille ; mais à l'avoué Végoulat, son camarade de classe, jamais. Ce serait Oreste repoussant Pylade. Or, sus, entrez et annoncez-moi.

Ainsi s'énonçait, le jour suivant ou Arsène avait quitté la maison paternelle, un autre loup cervier choisi dans une classe où ils ne font pas défaut. Polycarpe-Alexandre Végoulat avait pris naissance en terre sacrée de sapience et de procédure, au fin fond de Normandie, et sur le territoire de Falaise, encore. Son père, huissier de la vieille roche, qui n'avait pas craint de remettre une assignation de partie étrangère à sa mère propre, comme de procéder à l'arrestation de son cher beau-père, en vertu d'une créance que lui-même avait achetée sous main : son père, dis-je, nourrit, dès le berceau, de chicane et de procédure, un fils dont il devinait les dispositions rapinantes.

A l'âge de seize ans, Polycarpe-Alexandre Végoulat était en *descampativos* du taudis paternel, il s'enrôla parmi des contrebandiers où il continua l'exercice des vertus prenantes qui lui venaient du bénéfice de sang.

Gagnant peu, s'exposant beaucoup, notre héros, un an après, s'attacha au service d'un saltimbanque ambulant qui, voyant les belles dispositions du jeune homme, lui enseigna, par forme de passe-temps, *à faire le mouchoir et la tabatière*, et autres gentillesses utiles à un adolescent bien né pour s'aider en ce monde aux époques difficiles.

Un marchand de bœufs s'étant plaint que Végoulat avait continué, au préjudice de sa bourse, le complément de son instruction d'escamotage, et par la raison que les esprits mal faits croient plutôt l'honnête homme qui se plaint avec preuve, que l'aigrefin qui nie contre l'évidence, Végoulat quitta sa patrie et tourna ses pas vers l'Angleterre. Là, on a prétendu que, jusqu'à sa vingtième année, il s'était affilié dans une compagnie de clercs de Saint-Nicolas qui exploitait les alentours de Londres ; mais, comme on ne prête qu'aux gens riches, Végoulat, depuis, a toujours prétendu que ses amis exagéraient.

De retour en France, et en habitation de Paris, il entra clerc chez un huissier, de ceux qui font deux cents francs de frais pour le seul protêt d'un billet à ordre de dix francs, et celui-là fut charmé de confier son étude à un bon jeune homme qui avait de si solides antécédens.

Végoulat était beau garçon. La femme d'un avoué obligea son mari à l'enlever à l'huissier. Un matin l'époux passe dans son cabinet, s'y enferme ; en ce moment un juge d'instruction, des gendarmes se présentent pour lui parler : on frappe à la porte ; on le prévient de la visite ; il répond en se brûlant la cervelle. Le pauvre diable avait fait des faux.

A part ceci, c'était un si bon camarade, que ses confrères regrettèrent presque tous qu'il eût été moins adroit. Végoulat lui avait prêté la main pour confectionner ses actes ; et on a su depuis, par un agent de police, que le fils de l'huissier de Falaise avait dénoncé son patron. La mort de ce dernier sauva le survivant de tout aveu pénible, et comme il avait rendu l'étude productive, on l'agréa en place du défunt, ne sachant pas d'ailleurs ses antécédens d'une manière officielle.

Dès ce jour Végoulat compta parmi les hommes importans. Sa fortune, grossie de celle de son père, son art consommé de plumer la poule sans la faire crier, lui méritèrent les honneurs urbains, adjoint de maire, capitaine dans la garde nationale, etc.; il se faufila presqu'en bonne compagnie. Au lieu, comme il s'en targuait en public, d'être l'ami d'enfance d'Arsène, il ne voyait celui-ci que depuis peu de temps, et plus dans le monde qu'en intimité ; mais il était de ces gens qu'on rencontre partout, qui savent le nom de tous, et qui de là se prétendent les chéris

de tout Paris, race d'intrigans ou d'impor-
tuns, maladroits auprès des hommes dignes, et jouant habilement un rôle en face
des badauds qui les croient estimés de tous
ceux dont le nom est dans leur bouche.

Cette fois sa persistance l'emporta sur
le besoin de solitude qui s'était emparé
d'Arsène. Végoulat introduit auprès de
son ami prétendu, courut à lui les bras
ouverts, en criant de cette voix aiguë apa-
nage de tout individu de mauvais ton :

—Que diable fais-tu, cher ami ? pourquoi cette retraite ? est-ce le moment de
fuir, non, morbleu ! cours partout raconter à tous ton affaire, donne-toi raison
si tu ne veux que l'on te donne tort : en ce
monde, règle générale, qui refuse de
porter sa cause devant le public en est
jugé d'office et toujours avec rigueur. Le
monde aime qu'on le prévienne, qu'on en
appelle à lui, en lui montrant cette condescendance, il se range de votre parti, mais il
vous sera toujours contraire si, le dédai-

gnant, vous ne disputez point sa faveur à vos rivaux.

— Je ne sais de quoi tu me parles, répondit Arsène, acceptant et rendant un tutoiement que Végoulat seul avait provoqué, je ne me connais aucun procès personnel, et dès lors....

— A quoi bon ce mystère, avec moi... avec moi, le meilleur de tes amis ; n'est-ce pas aujourd'hui le sujet de toutes les conversations? ne t'es-tu pas séparé de ton père, n'es-tu pas sorti de sa maison.

— Soit, mais après :

— Comment, après.... rêves-tu en me faisant cette question saugrenue. Tu as vingt-cinq ans, une existence honorable, indépendante ; ta mère est morte dès ta sixième année, ton père t'a-t-il rendu les comptes de tutelle.

— Non.

— Non, et après ce non lâché tu me diras froidement : *après*.

— Oui, et si bien que je te le répète encore : après?

— Mais, mon ami, te laisseras-tu toujours outrager, repousser, spolier, ruiner tranquillement?

— Végoulat, silence.

— L'amitié ne saurait en pareil cas être muette. Ton père t'affronte, te gruge, et tout cela sera bon. C'est mon père, diras-tu : soit, je te l'accorde, quoiqu'enfin ce soit le point le moins sûr de tous...

— Végoulat, ce propos....

— Et ton bien, n'est-ce pas ton bien, aussi? dois-tu avoir pour lui moins d'amour que pour ton père? n'est-ce pas celui de ta mère, à ce titre ne te doit-il pas être sacré? oui sacré: notre fortune c'est le premier de nos parens; celui que l'on doit avant tout défendre; j'ai calculé toutes les répétitions que tu as à demander à ton père, charges-moi du soin de les lui réclamer, et à nous deux nous le ruinerons.

— Te tairas-tu, misérable! s'écria impétueusement Arsène, en tentant avec la main de fermer la bouche à l'avoué, est-ce à moi que tu dois débiter cette maxime abominable..... et pour m'affriander me proposer la ruine de mon père!...

— Oui, certes, mais dans quel but, dans le plus juste, dans le plus sage de tous, afin de te détourner d'une exhérédation odieuse pour qu'en fils pieux et soumis tu montres ton respect filial envers la mémoire de ta mère, respect qui éclatera par ta volonté ferme à réunir tous les biens qu'elle possède; mais ce sera superbe que cette tendresse qui survit à la mort et qui s'attache à la seule chose réelle qui te reste de cette mère excellente, ceci encore bien manié te procurerait par-dessus le marché le prix de vertu Monthyon! toutes les mères t'admireraient.

— Et les pères, demanda le jeune Rumbel en riant? car il comprit l'absurdité qu'il y aurait à s'offenser d'une pareille folie.

— Eh bien! les pères, les pères! ah dam! on ne peut tout concilier, et forcé de faire un choix, tu vas du côté qui satisfait ton cœur et qui remplit ta bourse. Conviens

que je suis homme de bon conseil, et à
l'avance je te jugeais si bien d'après moi,
qui ai adoré ma mère morte tant que mon
père a vécu; que j'ai déjà libellé ta première assignation au cher auteur de
tes jours, donne-moi pouvoir et tout sera
dit.

Arsène indigné de ce dernier trait reprit sa première colère et la manifesta en
termes qui ne permettaient pas à l'avoué
de se méprendre davantage et sur les sentimens filiaux de son ami prétendu, et sur
l'opinion peu favorable que sa démarche
imprudente inspirerait contre lui. Il essaya d'abord de la combattre, mais contraint de s'éloigner avec la consigne de
ne jamais reparaître, et l'injonction surtout de ne plus adresser la parole à celui
qui; sans le haïr, ne pouvait le mépriser
assez: il abandonna la place, mais ce fut
pour rentrer chez soi d'où il écrivit sur-
le-champ la lettre suivante :

« Monsieur l'adjoint du maire, l'officier

supérieur dans la garde nationale, et à ce titre mon double collègue, mais en plus et bien au-dessus, très illustre et très honorable député.

« Guidé dans toutes les actions de ma vie par cette morale sévère qui nous conduit dans la route de la vertu, j'ai cru de mon devoir et en raison de notre confraternité, de vous vouer mes services afin que vous ne soyez pas prévenu par un fils ingrat.

« Sachez qu'Arsène, et combien ma *vertu* repousse son amitié, se prépare à vous poursuivre devant les tribunaux afin de vous faire rendre compte de la succession de sa mère, il prétend posséder des pièces qui vous nuiront ; comme il se confiait à moi, il m'a déroulé son plan. Jugez dès-lors combien il nous sera facile de le combattre : votre sagacité, que je n'ai pas besoin d'invoquer, m'assure votre clientèle ; je me charge de mener si bien le procès qu'au lieu d'avoir à lui rendre, nous l'obligerons à d'immen-

ses restitutions ; mais hâtez-vous, l'attaque est déjà une prévention favorable,
prévenez-la et nous sortirons vainqueurs
du combat : ma *vertu*, s'identifiant avec
votre probité, déjouera les trames con-
damnables d'un fils pervers, trop nourri
des maximes du siècle. L'honneur de votre clientèle, notre confrérie vous as-
surent que je vous traiterai en ami, en
parent ; heureux même si en vous faisant
l'abandon de tous mes droits, j'obtenais
dans votre cœur une place dont je me
sens digne.

« Je suis avec respect et dévouement,
monsieur l'adjoint, le membre du con-
seil-général de la Seine, le lieutenant-
colonel de la garde nationale et l'illustre
et très honorable membre de la chambre
des députés, votre très humble, très in-
fime, mais peut-être aussi *vertueux* confrère et serviteur.

« Polycarpe-Alexandre Végoulat. »

Le drôle était si bien connu que Rumbel haussa les épaules et ne crut pas un mot de tout ce qu'il lui disait, il savait trop bien apprécier le carac tèr e d son fils pour se laisser aller à des sots bruits que cherchait en vain à lui inspirer non le plus vertueux, mais le plus vil des hommes.

VII

L'engagement fatal.

Nul ne peut impunément frayer avec
les vicieux, ni échapper aux piéges
qu'ils tendent.
— *Recueil de Maximes.* —

Clovis, bien intrigué de ce que venait
de lui dire Honoré, désirait déjà avec
impatience d'arriver au moment où il se
trouverait en présence de ce monsieur
qui, venu de Saint-Félix, voulait lui par-

ler au nom de sa famille ; enfant abandonné, pour ainsi dire, se croyant le fils
de l'oncle dont il portait le nom, il ne se
flattait guère que l'on eut des paroles
agréables à lui transmettre, mais enfin,
dans son isolement et malgré son égoïsme
qui lui venait aussi du véritable auteur de
ses jours, il y avait des instans où il se
sentait ému au nom du Languedoc et au
souvenir de sa chère patrie.

Honoré lui avait donné rendez-vous
pour le lendemain, et lui, tourmenté
par le supplice de l'attente, cherchait à
perdre ou à précipiter plus vîte les heures qui s'écouleraient dans l'intervalle qui
le séparait de ce rendez-vous ; d'ici-là,
ne sachant que faire et poussé par cet
instinct machinal qui ramène même le
bandit à son bouge d'habitude, bien qu'il
sache que ce sera là qu'on viendra le
prendre, Clovis se tourna involontairement vers la maison de la rue Beaurepaire.

Le groom, en lui racontant la double méprise d'Edmond, l'avait mis en mesure de continuer la mystification dont celui-ci serait l'objet ; aussi, loin de le craindre, il ne balança pas à se remontrer devant lui. Les amis étaient réunis, ils buvaient du vin chaud et tous saluèrent l'apparition du jeune homme d'un hourra de ris avinés.

— Combien y a-t-il eu de morts, demanda Robillet.

— Faut-il te sauver en Belgique, dit Hippolyte.

— Bah ! ne voyez-vous pas, ajouta Balthazard, que notre pauvre Clovis a été tué, et que c'est son ombre qui vient nous demander des prières.

Edmond à son tour se mettant à parler et, contre l'attente de Clovis, employant une forme sérieuse lui dit sans le persiffler :

— Comment, maître étourneau, as-tu fait la cour à la sœur sans en apprendre qu'elle avait un frère ?

— C'est, répliqua l'interpellé, que je

7

songeais à ma maîtresse et point à sa famille.

— Mais, il paraissait furieux, le petit enragé, êtes-vous brouillés? as-tu eu plus d'esprit que n'en auraient eu ces drôles ?

Et, en même temps, son geste désignait les autres amis.

— Pouvez-vous penser, Edmond, qu'en imbécile j'aurais été accepter le duel de ce sacripand? je lui ai parlé de Cécile en amant bien épris qui ne l'a visité que pour le bon motif. J'ai prononcé le mot de mariage.

— Et il t'a embrassé, et vous êtes maintenant comme deux frères, et tu peux, grâce à lui, voir la charmante fille en toute liberté?

— Non pas tout à fait. Ce jeune homme, au contraire, m'a signifié qu'il ne me permettrait plus aucun rapport avec sa sœur qu'après avoir obtenu de mes parens la permission à notre mariage.

— Que Satan emporte ce frère maudit! s'écria Edmond, en accompagnant cette

première phrase d'une série de blas-
phèmes bien nourris. Quoi ! la porte de
l'hôtel Dutilloy nous serait ainsi fermée,
lorsque nous y avions déjà une intelligence si précieuse, lorsque même je me
flattais que ta dextérité nous en procurerait deux.

— J'ai fait mon possible, et sans succès.

— Dis-moi, mon chérubin, repartit
Edmond en prenant Clovis dans ses bras
comme s'il eût soulevé un volume in-
quarto, et en le transportant ainsi dans
un enfoncement de la chambre, sorte de
rechûte ou de bouge, d'où on ne pouvait
être entendu, même des plus voisins, dis-
moi si tout ceci n'est pas une bonne re-
culade de ma part ?

— Je ne vous comprends pas.

— Je vais m'expliquer : la mauvaise humeur du frère te fait-elle renoncer à la
sœur ?

— Non, repartit Clovis avec une fermeté
prompte dont il comprit l'importance, et
qui lui réussit à ravir : ce qu'il put voir

facilement dans le ton moins amer qu'Edmond poursuivant prit envers lui.

— Tu la reverras donc, cette jolie
Cécile ?

— Aussi souvent que je le pourrai, demain matin, par exemple ; mais ne valait-
il pas mieux endormir la surveillanee du
frère, en paraissant céder à sa volonté,
que de la tenir en plein éveil, et, par conséquent plus dangereuse ?

— Allons, beau garçon, l'on fera quelque
chose de toi, et, si tout va bien dans l'entreprise que je médite, tu seras nommé
mon premier lieutenant..... Ecoute, ami,
continua-t-il en baissant encore plus la
voix, je ne te cacherai pas que si ta réponse eût été évasive, je me serais défié
de toi, et celui dont Edmond se méfie ne
doit guère espérer de vieillir. Maintenant,
qu'au contraire, j'ai foi dans tes almanachs, je ne balancerai pas à te dire que
mon dessein est de tenter sous peu une
attaque contre le coffre-fort du banquier
Dutilloy. C'est toi, mon garçon, qui nous

ouvriras la maison : les amis suivront tes pas, entreront après toi ; tu n'auras, en apparence, aucun rapport avec nous ; ton rôle consistera à tellement occuper ta maîtresse qu'elle ne se défie pas de ce que les amis feront en ce moment. Vois combien je t'aime ! si nous sommes surpris, toi, que rien ne rattachera à notre tentative, tu continueras d'être heureux.

—Je vous remercie, chef, repartit Clovis avec une sérénité en apparence complette, j'accepte la faveur que vous me faites, vous recommandant toutefois de ne pas m'oublier dans la distribution du butin.

— Sois tranquille, dit Edmond, charmé du développement d'une avidité qui achevait de lui enlever la méfiance, comme sans toi rien n'aurait lieu, j'ai décidé et on est convenu que ta part serait double.

La physionomie du jeune homme s'illumina de satisfaction.

—Tu es à moi pour toujours, se dit *in petto* le chef des amis ; les cœurs avides sont de la fange molle, sans énergie, et que l'on pétrit à volonté.

Puis, élevant la voix :

— Tu t'engages donc irrévocablement avec moi.

— Oui, avec vous irrévocablement, mon capitaine, de cœur et de corps, de néant et d'âme, quoique ce soient des périls qui m'attendent à votre suite.

— Et de l'argent avec, et du vin, et de la bonne nourriture, les bals, les divertissemens, les belles filles, les spectacles, puis, Tivoli, la Grande-Chaumière, le Ranelagh, tout cela marchera à la suite de la forte somme dont je ferai ton partage ; mais si tu me trahissais ! !...

— Et si vous nous trahissiez, capitaine, répartit Clovis avec un redoublement de fierté et d'énergie.

— Oh ! parbleu, monsieur Orrouis ! vous êtes mon homme ! je te retire de la plèbe et tu seras mon grand écuyer..... Voilà comme j'aime que l'on soit. Maintenant parlons affaire : nous sommes à mardi ;

passons gaîment mercredi et jeudi, puis, que vendredi on dispose les batteries, et, à une heure précise du matin, obtiens un rendez-vous de la belle pour ce moment; tu t'y présenteras à l'heure indiquée, les amis t'y suivront de près, je serai à leur tête, et nous passerons par la voie qui t'aura introduit; songes que tu sais tout, le lieu, le jour, l'heure, et eux ignorent les deux tiers de ce bienheureux secret. A présent allons les rejoindre, n'éveillons pas leur jalousie. Ces misérables ne savent qu'envier et haïr.

Edmond, en vertu de ce qu'il venait de dire, se rapprocha, avec son nouveau confident, du bol où naguère était le vin chaud; non que l'on eût tout bu; mais la masse du liquide avait singulièrement diminuée. Edmond en prit un verre, en versa un à Clovis, recommanda aux complices une discrétion à toute épreuve, puis les congédia, ayant eu le soin de recommander aussi tout bas au jeune homme d'être le dernier à sortir.

Robillet partit le premier, ayant, dit-il, *la fantaisie d'aller travailler* dans la rue Saint-Honoré ; Hippolyte prétendit être appelé en partie fine par une femme *du bon genre*, et d'un ton *fameux* ; Balthazard monta chez une demoiselle de la maison qui en avait fait son *bon ami*. Ainsi Edmond, selon son désir, resta seul avec Clovis.... Dix minutes s'écoulèrent tandis que lui garda un silence profond, tandis que l'adolescent, ramené par fois aux amusemens de son âge, cherchait à faire un harmonica avec les verres délaissés par les buveurs. Enfin, le chef sortant de sa rêverie, et jetant ses bras en avant, comme pour enceindre le monde, s'écria :

« Misérable vie où il faut employer toutes ses ressources, non à faire des merveilles, mais à se défendre obscurément des attaques sournoises d'une police ignoble, où l'homme qui se sent ne peut se développer, et où il rampera, si on ne le traque même pas dans le début de la carrière !...

Non!, je ne te mènerai pas plus long-
temps ! jusqu'ici, je n'ai pas vécu, j'ai
végété ; mais que le coffre-fort du banquier tombe en mon pouvoir ! Alors je
ferai en grand ma réputation ; je sillon-
nerai les mers avec les vaisseaux frétés en
mon nom, parés de mon pavillon ; et j'ose
me promettre de rendre aussi célèbre la
renommée de l'*Exterminateur* Morgteinstein, que l'a été celle de Montbard ou de
ses autres camarades.

Il disait : et debout devant lui, et, pour
mieux l'ouïr, ayant suspendu son concert
mélancolique, Clovis écoutait ces paroles
de flamme plutôt en épouvanté qu'en
séide prêt à répondre fanatiquement à
l'appel de son maître. Celui-ci, flatté de
l'attention silencieuse du jeune homme,
et ayant achevé son allocution, continua
sur un ton moins élevé :

— Que te semble, enfant, de mes rêves ?
n'as-tu jamais imaginé une autre vie que
celle de *travailler* dans les rues de Paris ?
Que c'est mesquin pour moi, qui ai connu

une autre existence, que les tempêtes de
l'Océan ont balloté, et qui ai, à coups de
canon, fait la guerre à des nations puissan-
tes!...Oh! ce n'est que dans les agitations de
cette vie bruyante que notre âme échappe
à ce qu'on appelle les remords! Oui! au milieu des ondes, il me semble que ces fantômes terribles des voyageurs immolés ne
viennent pas nous tourmenter de leur aspect fatal.... Ici, au contraire, je les
vois, ils m'étreignent, m'importunent!...
Arrière!... arrière, démons !.. Quoi! il n'y
a pas de Dieu, et il y aurait des apparitions vengeresses! Non! il n'y en a pas!..
Rêves d'enfans, de l'imagination en délire!..
Qui a nié Dieu?... Qui a dit son existence
fausse?... Ah! elle n'est que trop certaine, je la reconnais aux épouvantes de
mon cœur!...

Edmond, en proférant ces paroles sinistres, se tenait debout, le corps incliné
en avant, la tête immobile, le regard
attéré, les bras abattus. Enfin, succom-
bant sous son émotion, il se laissa tomber

sur son siége, et parut comme surpris par une sorte d'assoupissement.

Jamais pareil spectacle n'avait frappé Clovis, jamais ce jeune homme n'avait contemplé, sous une forme plus sinistre, la vie dans laquelle il entrait. Quoi! se demanda-t-il enfin, avec cette puissance de raison dont la nature l'avait pourvu, est-ce là le repos qu'on y trouve? Quoi! cet homme, supérieur à tous ses complices, ne possède cette supériorité que pour en sentir plus vivement l'horreur? Ah! sans doute, ses nuits sont sans repos, ou son sommeil doit être constamment troublé par des songes sinistres!... Quel bonheur goûte-t-il donc? Quand il jouit de sa pleine raison il ne cesse de redouter le courroux de la justice terrestre, et, lorsque la fatigue accable et fascine son âme, alors il est assiégé à la fois par la terreur du ciel et de l'enfer. Et moi, qui allais me lier à sa fortune, le suivre, l'imiter, moi, qui commence ma carrière, qui peux choisir la route à volonté, prendrais-je celle qu'assiégent tour à tour des angoisses pareilles? Arrière, dirai-je à mon tour, arrière aux mauvaises pensées, aux inspirations diaboliques, au vouloir du vice et du crime! Je suis à temps de m'en affranchir... Demain on me parlera : eh bien ! pour peu que je voie une existence douce et de par moi-même, je la préférerai à celle-là.

Ici Orrouis fut interrompu dans le cours de ses réflexions sages. Edmond venait de relever sa tête, il avait un souvenir confus de ce qui s'était passé, et, afin de savoir ce qu'il avait pu dire :

— Clovis, dit-il d'un ton ordinaire, ton âme s'exalte-t-elle quelquefois ?

— Oui, pour le plaisir, répondit-il, c'est le seul aiguillon que je connaisse encore,

— C'est juste, tu es dans l'âge où l'on amasse des souvenirs, et j'entre dans celui où on se les rappelle.

— Avez-vous, Edmond, encore d'autres ordres à me donner ?

— Non, c'est assez pour aujourd'hui, ma tête est lourde, je suis accablé au point qu'au lieu d'aller rejoindre mon hôtel et mes gens je vais demander à la marquise, ma digne mère, pour cette nuit un lit dans sa chaste maison.

VIII

Le derrière de la toile.

Celui qui pourrait lire dans le cœur
des loups-cerviers, assisterait à un
spectacle bièn étrange.
— *Recueil de Maximes.* —

La perte soudaine et complète de sa fortune, lors même que cette catastrophe
eut été attendue, aurait assurément porté
un rude coup au banquier Dutilloy :
Sa signature refusée par une maison de

commerce secondaire, serait devenu pareillement un objet de dépit pour lui. Mais apprendre de la bouche d'un homme qu'il jalousait et qui devait lui en vouloir, que le ministère, le regardant à peu près sans conséquence, ne reculait pas devant la honte dont il allait le couvrir fut pour lui un coup bien autrement rude à supporter, et un calice d'une amertume étrange à avaler.

Il y eût un moment où, effrayé de son agitation intérieure, il redouta une autre fausse attaque; au reste, si elle n'apparut pas sur-le-champ, il le dut à la véhémence de sa colère et à l'appétit désordonné de vengeance qui s'éleva en lui. Bien que ses yeux éblouis le laissassent plongé, pendant un peu de temps, dans des ténèbres profondes, il devina que Rumbel devait ne pas le perdre de vue, afin de jouir de tout son désappointement; aussi pour lui ravir cette satisfaction, il se mit à sourire et ses doigts frappèrent son bureau, comme si c'eût été des touches de clavecin.

Mais la contenance calme, froide, indifférente n'était pas tout, il fallait que le discours fut à l'unisson, et, en le retardant trop, il était à craindre que la vanité du mandataire n'en jouit trop grossièrement; aussi faisant sur lui-même un effort surnaturel, et avant que ses yeux eussent achevé de vaincre leur éblouissement, lui, dis-je, avait répondu en ces termes à la demande inconvenante :

—Grand merci, M. Rumbel, du service que vous me rendez, en achevant de rompre par toutes façons les nœuds qui nous unissaient. Avez-vous cru, vous-même, que je pusse descendre jusques à vouloir sanctionner l'accord impur que le ministère tenait à conclure avec votre fils? tant de complaisance ne va pas à la dignité, à l'indépendance de ma vie : on veut ma démission, on me la réclame avec une impudente vivacité, je pourrais la refuser.... Le ciel m'en préserve; je ne suis pas comme ceux qui, forts d'une position retranchée, s'y maintiendront, bien que l'honneur leur commandât de m'imiter.

— Je suis charmé, dit à son tour le député, faisant mine de ne pas comprendre le dernier membre de la phrase, que vous continuiez à fournir la preuve de votre grand caractère.

— Et vous, M. Rumbel, que faites-vous du vôtre? le choix que l'on a fait de vous ne rentrait-il pas également dans le contrat sinalagmatique passé entre le ministère et votre fils, ou plutôt que lui, voulait conclure avec Arsène. Je crains que votre réputation ne souffre du rôle que vous jouez maintenant.

— Ne le preniez-vous pas pour modèle repartit Rumbel tout-à-l'heure encore; n'avez-vous pas refusé votre démission quand on vousl'a demandée par forme polie et sans détermination fixe de vous la retirer? on ne m'eût pas dépêché vers vous si vous aviez fait acte de plus de philosophie, d'indépendance.

— Oh! je vous comprends, mauvais

ami que vous êtes, dit enfin le banquier exaspéré, vous avez sollicité le message dans le but de m'humilier, de m'avilir; vous ne vous attendiez pas à rencontrer en moi un sage, au-dessus des coups de la fortune, un grand citoyen qui s'enveloppe de sa vertu et brave en paix l'aveugle destinée.

En achevant ces mots, et ayant enfin surmonté son émotion pénible, le banquier, sans quitter son siége, fit volte-face au député et se mit à écrire sa démission sur son bureau. A mesure que sa plume courait sur le papier, un sentiment de méfiance grossissait en lui : bientôt il vint à soupçonner que Rumbel à lui seul pouvait tenter de lui jouer un tour digne du plus habile roué, celui, en prétextant de remplir les ordres du roi, de parvenir à dérober sa démission, que le ministère, dans sa bienveillance, ne songeait pas à lui demander.

Dès que le soupçon exista, il devint une réalité presque assurée dans le cœur du banquier, et celui-ci, sans marchander davantage, suspendant un travail si cruel à son cœur, se tourne vers l'avocat, et changeant de ton subitement :

— Allons, mon bon ami, avouez-moi que tout ceci est une mystification charmante inventée par le ministère, et où vous, rien que dans le but de rire, avez voulu jouer votre rôle.

— Moi, monsieur, riposta promptement Rumbel, tout surpris que cette fantaisie passât dans l'esprit du banquier, me serais-je prêté à un pareil badinage? non certes, et je ne crains pas de vous le faire voir, afin de vous convaincre que ma demande est sérieuse. Tenez, continua-t-il en sortant de la poche de son habit une pancarte chargée de sceaux qu'il déploya aux yeux accablés de Dutilloy, assurez-vous de la détermination de *leurs Excellences*.

— Leurs Excellences ! ! ! répéta l'interlocuteur furieux, avons-nous fait la révolution de juillet pour que l'on rétablisse les titres de vasselage, et est-ce vous, vous le plus libéral des jurisconsultes, qui servez ainsi la vanité des ennemis du peuple.

— Oui, sans doute, je suis libéral, répondit Rumbel, piqué d'être pris sur le fait de bassesse, mais je ne peux admettre la république et je me soumets aux formes de la monarchie.

— Oh! vous seriez ministériel.

— M. Dutilloy, faut-il qu'on insère votre destitution dans le *Moniteur* de demain?

— Les hommes indépendans comme j'ai l'honneur d'être, savent ce qu'ils se doivent et je suis trop au-dessus des fonctions qu'on me ravit pour que je tienne à les conserver pendant quelques temps: voici ma démission; seulement, je suis étonné que le gouvernement ne me dédommage point par un titre ou par un ruban.

— Ah! monsieur, reprit Rumbel, je vous demande pardon d'avoir oublié de vous annoncer d'abord que le ministère, tenant à vous être agréable et à récompenser vos services dans l'ordre de la Légion-d'Honneur, m'a chargé de vous remettre le brevet d'officier.

— Encore passe, dit Dutilloy presque consolé, je vois que si des combinaisons politiques s'opposent à ce que je n'arrive pas de sitôt au conseil, *leurs Excellences* comprennent qu'il m'eut été pénible d'être obligé de passer dans les rangs ennemis; car enfin, monsieur le député, un grand citoyen comme moi doit avoir une position dans le monde... Vous vous êtes donc séparé de votre fils?

— L'exemple de Brutus a dicté ma conduite.

— J'ai pris la même leçon, j'ai refusé ma fille à Arsène et tenant à faire preuve d'amour de l'égalité, je donne pour mari à Cécile un prince souverain, S. A. S. Christian de Morgteinsten. C'est en croisant les castes que nous ne formerons plus qu'un seul et même peuple; mis en

nation par la plus touchante confraternité, à votre place, et toujours afin de sui-
le même système, je vous conseillerais de
faire épouser à votre fils une princesse
d'autrefois.

Cet avis était une malice lancée à bout
portant que l'avocat rétorqua.

— Non monsieur, la fiction est inutile,
faisons en sorte qu'il n'y ait plus de
grands; élevons nos inférieurs; que tous
se mettent au même niveau et de cette
façon l'égalité triomphera mieux encore.

— Vous verrai-je aux fiançailles?

— Franchement non, je ne pourrai
guère me montrer dans une maison qui
vient d'être frappée d'une disgrâce minis-
térielle.

— On s'en passera, Rumbel, on s'en
passera... vous êtes un vrai parvenu, vous
possédez déjà leur arrogance.

— Ah! Dutilloy, que dites-vous là, et
qu'auriez-vous été si l'on vous eut conservé votre direction... Girouette!

— Je n'aurais pas été insulter le vaincu chez lui.

— Vous eussiez préféré l'accabler d'une destitution éclatante insérée dans le Moniteur.... mais, vous oubliez de me remettre la pièce demandée...

— Moi... je l'ai donnée.

— La voilà sur votre bureau...

— Ah! la distraction, une multiplicité d'affaires... Rumbel, écoutez : entre gens comme nous on n'a qu'un mot. Si le ministre veut pour la personne qu'il m'indiquera un pot-de-vin de sept cent mille francs, si vous avez à faire confectionner des chemins vicinaux ou élever un hospice dans l'arrondissement qui vous a élu, je suis prêt à vous aider de trois cent mille francs, à condition toutefois, qu'on me laissera ma direction générale... Que diable, vous et les autres, ne pouvez vouloir la mort du pécheur.... vous, mon ami, que j'aime, que j'estime... ne connais-je pas votre désintéres-

sement, votre vertu... que vous semble
de ma proposition ?

— Oh ! vous êtes un loyal Français, de
la bonne roche, rond en affaires, il me
semble... quant à moi, comme vous le
dites, je suis reconnaissant et je serais
charmé de me rendre agréable à mon arrondissement.

— Eh bien ! ne perdez pas une minute : allez rendre compte de la fermeté
noble avec laquelle j'ai donné ma démission, puis, offrez la somme, elle est
ronde et quant on ne fait pas travailler le
télégraphe, il est rare qu'avec les ap-
pointemens ordinaires on puisse l'encof-
frer au bout d'un an.

Rumbel, sans rien préjuger, mais en
vrai loup cervier moderne, partit chargé
d'une double mission ; et, tandis que sa
voiture l'amenait au ministère, il se disait :

—Ou Dutilloy est un fou qui a faim et
soif des charges publiques, ou il a déjà
calculé combien, dans sa direction géné-

rale, il se procurera de pots-de-vin qui,
en détail, lui rendront dans l'année celui
que maintenant il abandonne en gros...
Si la place était si productive, pourquoi
ne la prendrai-je pas pour moi? je l'aurais à meilleur marché de cent mille
écus...

En conformité de l'étiquette, Dutilloy
avait accompagné Rumbel; qui emportait
néanmoins le bonheur de sa vie jusqu'à
l'autre extrémité du salon. Lorsqu'il retourna dans son cabinet, il y trouva sa
femme déjà assise; mais attachant ses
yeux sur les siens, et manifestant, par le
feu de sa physionomie, combien elle était
impatiente d'apprendre ce que Rumbel
lui avait voulu. Le banquier, profondé-
ment humilié, aurait désiré, à part lui,
retarder cette fâcheuse confidence, et
comment y parvenir? Le *Moniteur* du
lendemain dévoilerait sans doute ce qu'il
n'aurait caché que pendant un demi-jour.
Il eut bien un instant le projet de taire
son infortune; car, instruit de la spécu-

lative indifférence que le ministre professait pour *les groupes* de sept cent mille francs, il espérait beaucoup la conservation de sa direction générale; mais sa longue habitude de tout conter à sa femme, le détermina à l'aveu de la vérité, et quand madame Dutilloy lui eut dit avec une vivacité sans pareille :

—Venait-il renouer un hymen rompu, et n'avez-vous pas été entraîné par des considérations ridicules, celle du bonheur d'uu fou et d'un insensé?

Lui, répartit en essayant l'apparence stoïque :

— Non, ma chère amie, je n'ai pas cédé sur ce point, mais j'ai fait un abandon d'une bien autre importance... Je ne suis plus directeur-général.

— Vous avez renoncé à des fonctions aussi belles !

— L'amour de la solitude, la philosophie, l'instabilité des choses humaines.

— Extravagance, mensonge, phrase faite et de convention... Non, votre dé-

mission n'a pas été volontaire... On vous
a destitué.

— Ah! par exemple!

— Eh! oui, certainement, ne vous connais-je pas? Êtes-vous moins avide d'honneurs et de rentes que le maréchal de
France? Vous, démissionnaire!... Eh!
plutôt que de l'être, vous iriez à la re-
morque de tout cabinet et de tout gouvernement? Allons donc, trompez-en
une moins crédule. On vous a indigne-
ment chassé, et vous, avec une lâcheté
odieuse, au lieu d'attendre le coup en
brave, avez, en poule mouillée, cru gagner l'honneur en feignant de vous démettre par dignité! Qui le croira? personne.
Il n'y a plus en France des Lhôpital, des
d'Aguesseau; une place, c'est la vie. Les
militaires, eux-mêmes, combien de sermens ont-ils prêté; combien de couleu-
vres dévorent-ils plutôt que la donner
cette démission regardée comme la fin
de l'existence, comme l'instant réel de la
mort civile... Ils vous ont chassé! Quoi!

chassé ainsi qu'un valet ! Toute votre valeur pour eux consistait dans l'infamie
d'Arsène... Quoi ! je ne serai pas madame
la directrice-générale ! Ainsi, jeudi prochain, au bal, où vient de m'inviter la
gracieuse, la divine marquise et pairesse
Eugène de Nébuzan ; on me laissera à
l'écart, sur les banquettes de derrière,
avec les femmes de peu... Ah ! j'en mour-
rai, j'en deviendrai folle ; et votre mariage... L'amour du prince tiendra-t-il
contre votre destitution ?

La volubilité avec laquelle s'énonçait la
banquière finit par lui couper la parole ;
elle tomba sur le canapé, et là, s'aban-
donnant à l'amertume de sa douleur, elle
pleura, soupira, parla, et ses phrases dé-
cousues, ses mouvemens désordonnés
n'annoncèrent que trop le dérangement
mental de ses idées. Dutilloy, malgré son
propre chagrin, eut pitié de celui de sa
femme ; il alla vers elle, et lui prenant
les mains dans les siennes, essaya de la
consoler.

— Allons, ma bonne amie, dit-il, soyons moins tourmentés du revers qui n'est pas encore positif; chaque mal porte avec lui son remède, et je connais l'arcane de celui-là... Ce sont des blessures sur lesquelles l'application d'une forte somme est un baume souverain.

— J'entends, répartit la banquière, que la moindre lueur d'espoir ranima... Aurez-vous compris l'avantage de la position? Aurez-vous lésiné sur le chiffre? Je vous sais quasi-vilain, et ici il s'agit du tout.

— Grand merci du compliment, répartit le banquier. Néanmoins, je crains que vous ne me traitiez de prodigue quand vous saurez...

— Combien avez-vous offert?

— Trop, morbleu !

— Mais encore ?

— Un million.

— Ah !

— Sept cent mille francs au ministre,

et trois cent mille à l'entremetteur Rumbel ; que vous semble ?

— Cent mille écus ! l'infâme ! Quelle âme basse, sordide !... Et ruiner ainsi son meilleur ami !... Le chiffre est haut, j'en conviens ; mais vous êtes habile ; c'est d'ailleurs une avance que vous relèverez sur toutes les nominations qui ressortiront de vous ; car, enfin, si vous donnez un pot-de-vin au ministre, il est juste, équitable, que vous opériez de même manière avec autrui. On ne peut faire, en France, la guerre à ses dépens.

IX

> On voit tout beau et tout serein,
> lorsque la fortune vient à nous,
> et cependant qui sait, en résultat,
> ou s'arrêteront ses caprices.
> — *Recueil de Maximes.* —

Le sommeil n'approcha pas des yeux de
Clovis pendant toute la nuit qui sépara la
proposition qu'Honoré lui avait faite de
le conduire chez lord Belton, du matin
où l'un et l'autre se rendirent chez cet

étranger, le groom avec la coquetterie de
ses pareils, était paré d'une riche et élégante livrée, qui par le mélange de ses
nuances vives, par l'éclat des dorures, re-
levait merveilleusement sa physionomie
que la nature avait paré des plus vermeilles
couleurs, le sourire parait ses lèvres, ses
yeux bien reposés étincelaient ; il était
coiffé d'une casquette de matin, en velours bleu céleste, couverte d'un dessein
capricieux sur lequel courait un cordonnet
d'or, il portait à la main une cravache à
la dernière mode, dont Triquety n'avait
pas dédaigné de ciseler la délicate tête de
cheval qui servait de poignée.

Clovis bien que sous le poids de la vie
désordonnée, bien qu'en contact intime et continu avec des cœurs vils et
corrompus, n'avait pas entièrement
perdu ce reste de grâce et de formes ave-
nantes, que la naissance et la première
éducation imprime dans notre cœur. Si
d'une part sa gaîté était folle et triviale, si
ses expressions renfermaient des termes

honteux, de l'argot ; de l'autre il lui restait des lambeaux de ses études, des ouvrages qu'il avait lus, des cours qu'il avait
suivis, deux hommes se combattaient en
lui, l'un porté vers la vie libertine, vers
d'ignobles plaisirs, vers des actes pervers ;
l'autre, désolé de son accession à de pareils penchans, se rappelant d'une manière confuse les principes de sa famille,
les maximes dont on l'avait nourri, ressentait une mélancolie sourde, quelque
chose qui ressemblait au remord.

Vêtu simplement mais avec goût, il
portait un pantalon clair, un gilet de poil
de chèvre à larges revers, une redingote
très-courte de couleur vert russe, garnie
sur toutes les coutures d'un passe-poil
noir, le collet tombant et rond, les revers
pointus étaient aussi en velours vert de
soie ; des bas de fil bleus, des escarpins
à double couture, un chapeau de feutre
noir et une badine d'écaille blonde avec
des yeux, une pomme d'or, enfin une
montre reposait dans une poche de son

gilet et mal défendue par un cordon sentimental de beaux cheveux blonds.

Clovis ai-je dit était de petite et mince taille, ses pieds, ses mains remarquables par leur blancheur, la délicatesse, la pureté de leurs formes, attestaient victorieusement son origine aristocratique, sa bouche mignonne contrastait avec ses yeux grands et pleins d'un doux feu, ses joues peu colorées étaient ce jour-là plus pâles encore à raison des veilles de la nuit.

Il marchait mal, son âme s'il l'eût écoutée lui aurait dit d'élever sa tête, de regarder haut, de presser son pas avec dignité ; mais habitué à craindre de trop fixer l'attention des gendarmes, des sergens de ville, des agens de la police déguisés, il en avait contracté un pas lent, irrésolu, il abaissait son front, craignait de regarder en face, évitant toujours les grands airs, le port noble, les éclats de voix, et préférant le son sourd ; il s'annonçait par là moins en fils de bonne mai-

son qu'en enfant perdu et déjà souillé de
la sentine parisienne.

C'était à neuf heures que le rendez-vous
s'était donné, Clovis jusqu'à ce jour avait
rarement pénétré dans les appartemens
somptueux de l'opulence moderne, le
luxe des huissiers ou des clercs, dont il
fréquentait les études, lui semblait encore
le *nec plus ultrà* de la magnificence. Combien ses idées se développèrent dès qu'il
fut entré chez le baronnet Belton, là son
âme émue, surprise, sentit un instinct
nouveau se développer en elle, ce luxe,
cet éclat inconnu en le charmant ne le
rabaissa pas, ainsi que souvent et en
des demeures moins pompeuses, il s'était
senti humilié machinalement ; et en attendant le maître du logis, non encore
libre, il se jeta dans une bergère en bois
doré et couverte de velours rouge, garnie
de galons et de franges d'or, tandis qu'Honoré, plus téméraire, plus hardi en apparence, s'était assis à l'entrée de la salle sur
un pliant qu'il avait trouvé là.

Belton-Delotry, car ces deux noms, comme on sait, lui appartiennent, arriva soudainement, et, ne voyant pas Clovis, presque perdu dans l'immensité de sa bergère, il alla vers Honoré et lui demanda pourquoi son ami n'était pas venu.

—Le voilà répondit le groom, en désignant l'espèce de sépulcre où Clovis reposait. Celui-ci entendant ce qui venait d'être dit, se releva tout à coup frappé d'une impréssion nouvelle, il marcha vers Belton avec tant d'aplomb, de dignité et de noble aisance, que celui-ci, surpris, le regarda avec plus d'attention et puis ayant rapidement examiné sa physionomie ne put s'empêcher de s'écrier :

—Est-ce lui que je revois? Lui... Jeune homme... Monsieur, comment vous appelez-vous?

—Clovis Orrouis, répondit l'adolescent, toujours en conservant cet air de haute compagnie, ce mélange de simplicité et de grandeur. Je suis né à Saint-Félix-de-Lauraguais, arrondissement de Villefranche, département de la Haute-Garonne.

Belton ne cessait de le regarder, et toujours avec une attention plus vive, il cherchait à retrouver, dans ces traits jeunes et purs, le visage de son ancien ami; et chaque fois que son scepticisme voulait élever un doute, la conviction répliquait victorieusement. C'était donc le fils d'un prince, un prince lui-même, capable, sinon de régner, du moins de posséder une fortune immense et de l'illustration à l'avenant. Mais était-ce bien le fils de Morgteinsten? Il fallait d'abord résoudre ce point. Puis mériterait-il sa position nouvelle? Et dans ce cas, comment concilier ses intérêts avec ceux du prince puîné, qui s'était emparé de la succession de son frère?

Ces points à éclaircir occupaient Belton, et le retinrent dans une incertitude qui prolongea son silence, et dont il ne s'aperçut pas d'abord; mais enfin revenant à lui, il se mit à dire d'un ton si cérémonieux, si pénétré en même temps, que les deux auditeurs s'en étonnèrent à leur tour :

— Que monsieur me pardonne ma distraction, j'ai tant aimé... son père ; je lui suis encore si dévoué, que je ne peux songer à lui sans émotion, et sans presque donner des larmes à sa mémoire.

— Quoi ! monsieur, répliqua Clovis pendant que ses yeux se remplissaient de larmes, avez-vous à m'annoncer la mort de mon père ?

— Moi ! non, certainement ; non, j'ai vu vos parens il y a peu de temps, M. Orrouis jouissait d'une santé parfaite.

Et Belton se querellait de son inattention ; cependant cette sensibilité, manifestée par Clovis, et pour un homme dont il avait tant à se plaindre, lui donna encore meilleure opinion de l'adolescent, et le lui fit voir sous un aspect favorable.

—Pardonnez-moi, monsieur, lui dit-il, toujours avec ce ton de respect qui, en étonnant Honoré, élevait Clovis de plus en plus au-dessus de lui-même. Pardonnez-moi le coup imprudent apporté à votre affection pour un homme qui vous a tenu lieu de père... O mon Dieu! ma langue ou ma raison se joue de moi; je ne sais, en vérité, ce que je dis... Mais un rapport singulier... une surprise motivée par la ressemblance la plus étonnante, ne me laisse pas aujourd'hui dans mon état naturel.

Honoré riait, sous sa casquette, du coq-à-l'âne de M. Belton; son imagination, peu développée, n'y voyant que l'embrouillage des idées; mais Clovis, autrement créé, Clovis qui ne voyait dans l'étranger rien de niais, de distrait, ou ces bizarreries qui signalent les faibles esprits, s'étonnait, à part lui, que l'homme qui aimait son père, et qui venait de le quitter, parlât tantôt de lui comme s'il ne fût plus en vie, tantôt comme s'il n'eût été que le simple tuteur de lui, Clovis. Au reste, ajoutait-il, si là-dessous il y a du mystère ou de l'extraordinaire seulement, ce ne sera pas à la première vue eı devant Honoré qu'il me confiera ces choses d'importance réelle, mais par degré et à la suite d'une longue étude de mon caractère et de ma discrétion. Prenons patience, et tâchons surtout de n'avoir à rétrograder ni dans son esprit, ni dans son estime.

Tout ceci fut pensé si rapidement, que ce fut peu de secondes après que Belton eut achevé sa sorte de justification, que Clovis, à son tour, s'aventurant à le questionner, lui demanda non plus des nouvelles de son père, mais de M. Orrouis et des personnes que, selon lui, l'étranger pouvait avoir rencontrées ou connues au sein de sa terre natale.

Ce fut en si bons termes, avec un tel choix d'expressions et une pureté de langage si rare dans la classe où Clovis se trouvait alors, que l'émotion et le contentement de Belton s'en augmentèrent. Celui-ci, tirant de son portefeuille plusieurs billets de banque, en choisit deux, un de cinq cents, l'autre de mille francs, et les présentant au Languedocien :

— Monsieur, dit-il, vos parens ne vous oublient pas, voici un petit viatique qu'ils m'ont chargé de vous remettre ; ils pensent que vous en ferez bon usage, et que, dans vos besoins, désormais vous vous adresserez uniquement à moi.

A l'aspect d'une somme si excessive à ses yeux, Clovis, trop habile connaisseur des sentimens de son père, ne resta pas un instant dans la croyance qu'elle pût venir de lui. Si c'eût été dix francs, vingt francs, alors peut-être aurait-il accordé le titre de bienfaiteur à M. Orrouis ; mais dès qu'un chiffre si élevé se présentait, lui, Clovis, devait nécessairement reconnaître l'intervention d'une plus haute puissance. Mais laquelle... laquelle ? il se le demanda, et ne put, en aussi peu de temps, se faire une réponse claire et satisfaisante.

Quoiqu'il en fût, et sauf à tenir conseil plus tard avec soi-même, Clovis comprit qu'il ne devait, à présent, que paraître oc-

cupé du fait mis sous ses yeux. Il regarda à diverses reprises les deux billets
de banque, et, bien instruit de leur valeur inégale, il prit celui de mille francs,
et le mettant dans la main d'Honoré :

— Cher compatriote, dit-il, me voici
en mesure de récompenser le service que
tu m'as rendu. Je sens que la protection de
Monsieur est, pour moi, d'un prix inesti-
mable, et c'est le moins que je me montre
reconnaissant envers qui je le dois.

Honoré, surpris du propos et du présent, et ayant vu quelle en était la valeur,
se récria aussitôt avec autant de désintéressement que son ami venait d'en mettre
avec lui qu'il ne pouvait accepter. Alors
il s'éleva un de ces combats qui ne res-
sortent que de nobles caractères : les paroles échangées instruisirent pleinement
Belton-Delotry de la libéralité du jeune
homme qui l'intéressait, à double titre,
comme son parent et son pupille. Charmé
d'un si beau trait, il ne put s'empêcher

de le serrer dans ses bras, tandis qu'il lui disait :

— Vous êtes un noble enfant. Non, je ne puis douter aujourd'hui de votre...

Il s'arrêta, craignant de trop précipiter une déclaration à méditer encore, et sa réserve trompa l'avide et impatiente curiosité de Clovis. Puis, reprenant, et cette fois s'adressant au groom :

— Allons, dit-il, ceci me charme également de votre part, mon ami ; acceptez ce que monsieur Clovis vous offre, non comme un salaire, non en forme de paiement, mais ainsi qu'il convient entre deux amis. Je revaudrai à volonté à celui-là cette somme dont il se prive avec tant de délicatesse.

— Puisque vous le voulez tous, dit Honoré à son tour, j'augmenterai mon magot de la caisse d'épargne, à condition pourtant, Clovis, que tu reprendras sur ton billet ce que tu voudras, si encore tu te rencontres dans la *débine*.

— J'espère, répliqua Belton, que Monsieur n'y rentrera pas, non plus qu'il ne vous y laissera jamais tomber. Il se souviendra toujours, ainsi qu'il vient de le dire, que sans votre intermédiaire j'aurais été long-temps à le chercher à Paris. Qui sait si même j'eusse fini par le rencontrer. Monsieur, poursuivit-il en s'adressant à Orrouis, désormais ma maison vous est ouverte; j'espère même que vous me ferez l'honneur d'y venir dîner aujourd'hui. Nous irons ensuite achever de passer la soirée à l'Opéra.

Clovis tressaillit; il ouvrit la bouche pour dire sans doute quelque chose d'important; mais arrêté, lui aussi, par une réflexion soudaine, il se contenta de remercier, se montrant aussi joyeux de paroles qu'il l'était peu dans le jeu de sa physionomie. Celle-ci paraissait montée inopinément à une telle solennité que Belton, bon observateur, s'en aperçut et s'en étonna au point qu'afin de provoquer une prompte explication ou un aveu qui lui paraissait important, il demanda au jeune homme s'il n'avait rien de pressant et de majeur à lui apprendre.

— Non Monsieur, non, répondit-il avec vivacité, à présent, ce soir peu importe. Quant à ma confiance vous la méritez, je vous la dois, et vos conseils seront dorénavant les seuls que je voudrai suivre.

Sa sincérité était cordiale, elle satisfit en plein son tuteur d'affection d'une part, s'il n'était que l'enfant du sieur Orrouis, et de droit, si réellement il devait la naissance à un prince souverain. Tout donc fut remis à ce même soir, et les deux amis, prenant congé de Belton, descendirent ensemble dans la rue.

X

Fâcheuse rencontre au Musée.

> Pourquoi le hasard place-t-il en
> inconvénient sur nos pas ceux que
> nous le conjurons d'éloigner de no-
> tre personne.
> — *Recueil de Maximes.* —

Arsène était dans sa nouvelle demeure
et, assis devant son bureau, réfléchissait
tristement à l'étendue de son malheur.
Sa probité le privait de son père, de sa
sœur, de sa maîtresse, d'une existence

brillante, d'une charge honorable ; et s'il regrettait ce qui frappait son cœur, du moins celui-ci ne fléchissait point à la vue de l'appui offert par le crime.

Dans ce moment on ouvrit presque sans bruit la porte extérieure ; une forme aérienne traversa lestement le cabinet et deux bras se passèrent avec rapidité autour du cou d'Arsène, tandis que sa joue était gratifiée d'un doux et d'un suave baiser.... une femme, grand Dieu !! un instant il eut la pensée que ce pouvait être... mais quelle supposition.... Le nom de frère frappa son oreille, il reconnut Méline, sa sœur.

— Oh ! dit la jeune fille, dont la bouche souriait tandis que dans ses beaux yeux roulaient deux brillantes larmes, enfin, Arsène, je puis te voir ; combien je souffre de la colère de notre père, ne t'a-t-il donc pas été possible de l'éviter ?

Le jeune avocat secouait tristement la tête tandis qu'il rendait, à cette sœur chérie, les pudiques caresses qu'il en recevait. Elle, s'empressant de poursuivre :

— Je le sais trop, tu ne peux avoir tort, toi, le plus sage, le plus généreux des hommes; mais que le ciel nous vienne en aide, qu'il rétablisse la paix entre nous : notre maison, depuis ton absence, est un désert; te le dirai-je, mon père déplore sa vivacité, et tu sauras que le ministère l'en a blâmé : j'en suis sûre, et si tu veux, si tu es aimable, tu me donneras la main pour me ramener chez nous. Le veux-tu?

— Est-ce mon père qui le désire?

— Et qui n'ose pas t'en prier, il se fâche du mauvais effet qu'a produit cette séparation, il ne comprenait pas encore l'étendue de ta renommée, et de l'estime que dans Paris on te porte. La réputation du vertueux a un poids irrésistible et qui pèse bien plus que l'or et la puissance du riche. Je te répète ici les propres paroles qu'hier, mon confesseur m'adressa à propos de toi. Allons, viens-tu?

— Notre exil m'a trop peiné pour que

je ne me hâte pas d'en amener le terme ;
laisse-moi donner des ordres et tu seras
obéie.

— Le bon, l'excellent frère, s'écria
Méline en sautant de joie, mais il en aura
aussi sa récompense ; tu vas, Arsène, me
conduire au Musée.

— Maintenant, dans quel but ?

— Moi, de vérifier l'originalité d'un tableau... tu ris... et toi, afin de me donner
ton avis sur une production moderne.

— Qu'est-ce ?

— Tu le sauras.

— Mais encore ?

— Tu n'as donc pas la seconde vue,
ton cœur ne devine donc pas ?

— Méline, ne te joues pas d'un infortuné, répartit impétueusement Arsène,
qui déjà conjecturait un bonheur si précieux à son âme : est-ce que ta bonne
amie...

— Je ne sais ; seulement je crois qu'une
promenade au Musée est le but de plus

d'une jeune virtuose, de toutes les débutantes au plus beau des arts.

Oh ! pour le coup, c'est Méline qui fut vivement embrassée et à diverses reprises, tandis que l'amant en délire disait :

— Quoi, ma sœur, Tècle y sera, je la verrai, mais par quel miracle...

— Ne suis-je pas toujours occupée de mon excellent frère, sa douleur n'est-elle pas la mienne...

— Je le sais, mais Tècle?

— Eh! bien Tècle, hier je la rencontrai chez notre amie commune, la duchesse de Valbreuse : n'y pleurâmes-nous pas comme des folles sur l'effet de la rupture de nos parens, oubliâmes-nous ton nom, ne suppliai-je pas quelqu'un de venir ce matin, à une heure, dans le Musée Égyptien, d'où nous descendrons, avec nos cartes, dans celui d'Angoulême, le lieu le plus désert de tout Paris, à cause peut-être des cent chefs-d'œuvres d'ouvrages qu'il renferme... oui, tout cela est décidé, j'allais t'écrire : mon père a doublé

ma joie en m'avouant son regret de son
trop de vivacité, il souhaite que sa démarche soit de sa part sans explications, sans
reproches ; en réparation, tu rentres aujourd'hui sous le toit paternel comme si
tu revenais de la campagne. Si votre superbe orgueil souffre de ceci, immolez-le, s'il
vous plait, à la tendresse de votre sœur.

— A Dieu ne plaise, répartit Arsène,
que j'exige aucun acte de condescendance
de la part de mon père ; il me désire, il oublie ma résistance ; la tendresse, le devoir
et le respect me commandent d'accepter
de lui ce que je regarde comme un bienfait,
et puis, Méline, suis-je heureux loin de
toi?....

Ces deux êtres si purs se donnèrent encore de chastes marques de leur amour
fraternel. Mais la sœur, malignement,
ayant parlé de se reposer, de déjeûner,
fit jeter les hauts cris au frère qui lui
proposa d'emplir, en passant, ses poches,
son mouchoir de friandises qu'on rencontrerait en route, et cet arrangement

conclu, on renvoya la dame de confiance qui avait escorté Méline chez Arsène : elle s'en retourna dans la voiture de M. Rumbel, qu'elle alla prévenir du retour prochain de son fils, et le jeune couple prit gaiement à pied la route du Musée.

Tècle, élevée à la mode anglaise, jouissait d'une ample liberté : elle était venue au Louvre sous la surveillance d'une soubrette à peu près de son âge et d'Honoré, conducteur du cabriolet ; celui-ci n'aurait rien à voir et d'ailleurs il était tout à Arsène ; quant à la femme de chambre, son intérêt lui commandait le silence qu'elle ne romprait qu'à son très grand désavantage.

La rencontre eut lieu dans la salle à manger de l'appartement somptueux du doyen des antiquités du Pharaon, et que n'enrichissait pas encore le fameux vase antique. Elle fut tendre et presque pathétique ; les amans l'auraient rendue mélancolique et silencieuse sans la vive gaîté de Méline, dont le badinage, la folle malice réveillaient deux cœurs uniquement engourdis dans leur amour mutuel. Mademoiselle Rumbel leur proposa de descendre, selon le projet, aux salles de la sculpture moderne, connues sous le nom générique et bien appliqué de *Musée d'Angoulême,* car S. M. Louis XIX n'étant encore que dauphin, avait par ses présens, contribué à enrichir cette collection précieuse. Là on rencontre *les esclaves* de Michel Ange ; deux groupes en diverses attitudes de l'*Amour* et *Psyché* de Canova ; l'admirable *Milon de Crotone* du Puget ; les *Grâces,* si bien nommées, de Germain Pilon ; des chefs-d'œuvres d'Auguier d'Arcis, de Costou, Coixvox et d'une foule de grands maîtres, depuis la renaissance jusques à nos jours.

En effet, une solitude de l'Arabie Pétrée, n'offre pas un désert plus complet que ce lieu magnifique : un seul dessinateur, un gardien silencieux semblait

promettre l'incognito parfait, et tel que
les amans toujours le désirent : ils er-
raient lentement, se parlant entr'eux et
se montrant moins amateurs que Méline.
Tècle consolait son amant, elle lui jurait
une constance éternelle, le rassurant sur
les assiduités du prince de Morgteinsten,
que sans doute ses refus et sa froideur
finiraient par lasser.

Heureux de cette assurance, Arsène
faisait assaut des mêmes protestations :
les sermens, les conversations d'amour
ont une telle ressemblance que tous sem-
blent jetés dans un moule commun. Je
crains de répéter en rapportant ceux de
Tècle et d'Arsène, et je renvoie les amateurs du genre à tel autre roman qu'ils
voudront. Méline, sans y faire attention,
restait immobile à examiner le groupe des
grâces, et son crayon le transportait sur
l'album dont elle s'était munie. Quand le
tendre couple, poursuivant la promenade
sentimentale, passa dans la salle précédente et tourna à diverses reprises

autour du moulage en plâtre de je ne
sais quel monarque espagnol, un bruit
de voix proche, attira momentanément
leur attention, ils levèrent les yeux et se
trouvèrent en présence du prince de
Morgteinsten et de M. Loyset ; rencontre
inopportune et pénible pour les deux parties que la fortune mettait ainsi inopinément en présence.

Tècle épouvantée de sa situation, certaine que le caissier ne manquerait pas
de rendre compte à madame Dutilloy de
ce qu'il avait vu, mais plus encore honteuse d'une démarche qui accusait sa pureté, redoutant qu'on ne la soupçonnât d'ê-
tre venue seule dans ce lieu, soupçon qui
lui eût été désagréable même dans la
croyance du prince, la détermina à se
rapprocher de Loyset.

— Ah monsieur, dit-elle, tandis qu'elle
répondait froidement au salut décontenancé d'Edmond : en venant ici travailler
je ne m'attendais pas à rencontrer mademoiselle Rumbel avec son frère, celle-

là dessine à côté de nous, et pour ne
pas la déranger dans son étude... Allons,
papa Loyset, vous, le dévoué serviteur
des dames, courez vous mettre aux pieds
de Méline, admirez la fermeté de son
coup de crayon.

Cette annonce de la présence d'un
franc chaperon, ne produisit pas sur le
caissier l'effet que la brebis surprise en
faute en espérait; l'homme aux gages de
son père étant entièrement gagné par le
faux prince de Morgteinsten, avait donné
rendez-vous à celui-ci pour achever de
s'accorder ensemble dans un endroit
que lui, croyait opportun, et où certes il
ne doutait pas qu'il ne fut caché à tous
les habitués de la maison du banquier :
lui, à son tour, maudissait une rencontre fatale, puisqu'elle pouvait mettre sur
la voie de ses intrigues mystérieuses
avec l'étranger. Dans cette position, et
emporté par sa mauvaise humeur, pour
la première fois de sa vie, oubliant la
prudence, il s'abandonna aux conseils

fallaces d'un dépit amer, et ripostant mal à propos :

— Eh mademoiselle, m'avez-vous vu si empressé près les jeunes amies dont vous vous environnez pour me proposer de courir vers celle qui aurait dû ne pas se séparer de vous ?

Depuis l'instant fatal qui avait mis là ces quatre personnages, Arsène cessant de soutenir le bras de son amie qu'elle avait passé dans le sien, affectait une contenance presqu'indifférente, quoique la présence de son rival l'indisposât, il soutenait avec hauteur et rendait avec usure les regards sombres et irrités d'Edmond... Edmond véritablement fâché, et qui d'ailleurs pour continuer à jouer son rôle d'homme du grand monde, manifestait visiblement un mécompte dont les conséquences peut-être tracent trop loin ; l'un et l'autre des jeunes gens étaient dans des dispositions complètes d'hostilité, une étincelle, un rien pouvait faire éclater la foudre, lorsque la phrase inconvenante de Loyset

tomba de l'oreille d'Arsène, sur les dispositions malveillantes de son cœur, aussi
se hâtant de riposter :

— Prenez garde, monsieur, dit-il, aux
paroles qui vous échappent ! le respect dû
à cette demoiselle, mes égards pour votre
âge et ma connaissance de votre ignorance
des formes de la bonne compagnie peuvent seuls vous défendre de mon ressenti-
ment.

— Ajoutez, monsieur, à ces hautes
considérations qui prouvent votre grande
politesse, le secours qu'en cas désespéré,
monsieur Loyset recevrait d'un ami, dit
Edmond, en se penchant vers l'avocat et
en baissant la voix, comme s'il n'eût pas
voulu se faire entendre de Tècle.

— Il est des appuis qui souvent nuisent
plus qu'une défense téméraire, répliqua
Arsène, aussi avec précaution.

— Messieurs, dit alors le caissier, dont
la crainte d'avoir été trop loin s'éveilla,
vous venez d'entendre mademoiselle Tècle
m'honorer d'une qualification tellement

intime qu'elle a autorisé la sévérité de ma réplique : surpris de la voir en la compagnie d'une famille qui a cessé ses relations avec la sienne, abusant, je l'avoue, des droits d'une vieille amitié et de mon âge, j'ai outrepassé les bornes, et rien ne m'autorisait à manquer à la charmante, à l'estimable mademoiselle Méline.

—Vous êtes parfait, répondit Tècle ; aussi, pour vous en récompenser, vous me servirez de chaperon, et sous votre tutelle, je rentrerai au logis paternel, mais à condition que nous ramènerons chez elle mademoiselle Rumbel, à laquelle, pour gracieuse pénitence, M. Loyset offrira la main.

—Et de grand cœur ma jolie fille, riposta le caissier, le hasard qui nous a tous réunis ici m'a mis d'abord sur la voie de S. A. S. amateur éclairé des arts, leur rendant de fréquentes visites ; je lui conseille donc de poursuivre sa course solitaire, et lui demande pardon de l'avoir ravi à son recueillement.

—Monsieur, dit Edmond à Arsène, tandis qu'il se baissait pour ramasser son mouchoir qui venait de lui échapper malencontreusement, monsieur, vous me devez une explication.

—Cher Loyset, répliqua l'avocat, en ayant l'air de s'adresser au caissier, pendant que d'un coup d'œil rapide, il avait instruit Edmond qu'il ne parlait que pour lui, ce matin, je logeais rue des Saint-Pères, n. 11, ce soir je serai de retour chez mon père, Quai de l'École, n. 18.

Tècle, trop préoccupée de ce qui venait de se passer, ne fit aucune attention à cette phrase singulière, quand à Loyset il n'en devina que trop la portée, et une autre inquiétude s'alluma dans son cœur.

—Mademoiselle, dit-il avec un mécontentement visible, je suis à vos ordres, voyez si mademoiselle Rumbel veut se retirer où retarder encore sa rentrée ; en attendant, avec ces messieurs, nous causerons de la pluie et du beau temps.

Déjà pendant ces divers propos la femme

de chambre de Tècle s'était rapprochée d'elle, celle-ci charmée de pouvoir en s'éloignant reprendre quelque tranquillité, profita de l'avis du caissier, et suivie de sa soubrette s'éloigna soudain. A peine eut-elle disparu derrière le mausolée de...., que le caissier se retournant vers les deux rivaux.

— De par le bon sens, trop rarement invoqué, messieurs, songez que la réputation de mademoiselle Dutilloy dépend de votre prudence.

—C'est une erreur, répliqua Arsène, mademoiselle Tècle est trop haut placée pour qu'un acte d'indélicatesse lui put enlever la considération qu'on doit à ses vertus.

—Et pensez-vous, jeune homme, qu'une dispute entre vous et un illustre étranger... Messieurs, tous deux la voulez pour votre épouse? Un peut l'avoir... qu'il redoute un éclat trop fâcheux pour l'objet de son choix, il faut me promettre...

—Je n'ai qu'une explication à demander à M. Rumbel, dit Edmond.

—Qui ne vous la refusera jamais, prince aussitôt que vous vous serez fait reconnaître par l'ambassadeur de... que je vois très-souvent.

—Vous voyez, dit Edmond, qui malgré sa volonté forte, ne put dissimuler la pâleur qui monta rapidement sur son front, et qui, à des yeux indifférens annonçait une violente colère, vous voyez bien que monsieur repousse tout accommodement.

—Je vois que les jeunes gens sont fous.

— Monsieur, reprit Arsène, en parlant au faux prince, vous avez mon adresse, demain matin je vous attendrai.

—Demain non, je vais tantôt à Saint-Cloud pour affaire (ceci fut dit emphatiquement), mais samedi prochain.

Tècle reparut avec Méline, Edmond n'acheva pas, c'était inutile, Arsène l'avait compris, il s'inclina en signe d'assentiment, son rival avec grâce et d'un ton de légèreté propre à cacher tout soupçon, prit congé des deux dames, et celles-ci partirent, conduites par Loyset et Rumbel.

En quittant Méline et Arsène, le caissier et Tècle se trouvèrent seuls. Honoré ayant ramené la femme de chambre, Loyset, pendant la route, poussé par la crainte de trop faire connaître ses rapports avec le prince, dit à mademoiselle Dutilloy :

— Toute réflexion faite, pensez-vous, ma chère fille, qu'il faille parler de nos rencontres de la matinée ?

— Noûs le devrions sans doute, répondit Tècle, mais je crains de faire de la peine à mes parens.

— Et je pense comme vous, la préoccupation fait d'un œuf une montagne, et votre père ou *Madame* pourraient bien professer sur le hasard la même doctrine que Bartholo.

XI

Les vrais Amis.

> Pour donner aux hommes un avant-
> goût de la félicité éternelle, le ciel
> leur accorde l'amitié.

Dès qu'Honoré et Clovis furent dans la rue, le premier, sorti de l'hôtel Belton, dit à son camarade :

— Sais-tu, Clovis, où tu vas monter ? Je te demande par avance la place de ton premier valet de chambre.

— Tu resteras toujours mon ami, répondit l'interpellé, en lui pressant fortement la main dans la sienne, ne te dois-je pas de la reconnaissance ? tu m'as rendu tant de services, tu peux m'en rendre tant encore.

— Moi, ce sera toujours de grand cœur. Qu'ai-je fait pourtant ?

— Ce que tu pouvais faire, ce que d'autres, à ta place, n'auraient pas fait.

— Ce monsieur, dit Honoré en riant, je parie qu'il est ton parent, ton parrain, peut-être... peut-être aussi, est-il la cause du peu d'amitié que ton père a de toi.... Pourquoi ce silence ? tu ne m'en veux pas de mon badinage ?..... Tu es sombre, je veux t'égayer. Quoi ! l'approche de la fortune te rend triste : si je la voyais venir, je serais si joyeux.

— Et si c'était le déshonneur, le crime, l'infamie, répliqua Orrouis en poussant un soupir profond.

— Quoi ! tu soupçonnerais de mal vouloir ce brave monsieur que nous quittons?

— Lui! oh Dieu! non!

— Alors....

— Honoré, je suis bien à plaindre! Tu dis que je vais à la fortune : quelle erreur! Je te le répète, je vais ailleurs, et ce chemin sinistre est semé d'or et taché de sang.

— Je ne devine pas ce qui passe ma portée, reprit le jockey jovial en entraînant son ami dans le jardin des Tuileries par la porte de la rue Castiglione ; mais, si tu as besoin d'un bon conseil, je te le donnerai, malgré mon étourderie.

— Honoré, dit Clovis en se faisant violence, nous sommes de la même ville, presque du même âge, tu m'as bien reçu quoique je fusse peu heureux, tu m'as sauvé la vie sans t'en douter, achève ton ouvrage, fais que je reste ton éternel obligé, sauve-moi l'honneur.

— Tu m'effrayes, pays, aurais-tu fait un mauvais coup?

— En chemin de tout entreprendre, entouré de vicieux, trop indifférent sur les règles de l'équité, je me suis laissé conduire à un pas de l'abîme... Que je fasse un élan encore, et celui-ci m'engloutira.

— Assurément, répondit Honoré dont la physionomie montra tout à coup une gravité inaccoutumée : j'ai caché ma patrie, je me suis créé Ecossais afin de trouver une meilleure place ; mais, Dieu m'est témoin que j'ai vu, en ceci, plus une mystification, pour parler la langue de mon jeune maître, qu'une porte ouverte au mal. Je veux vivre en honnête homme afin de n'avoir rien à craindre ni à regretter à l'heure de la mort, et chaque jour je vois que le meilleur ami que j'ai eu, dans ce monde, a été notre excellent curé M. de Lartigue, car il m'a mille fois répété que, pour voir venir la mort sans crainte, il faut avoir vécu sans faire mal. Ne redoutes donc pas de mauvais conseils de ma bouche, mais dis-moi tout. Ce que tu me tairais serait, peut-être, la chose capitale.

— Enfonçons-nous dans le bois, répartit Clovis, loin des curieux. Là, je vais t'ouvrir mon cœur, sans te demander le serment du silence, inutile à qui veut le bien, et que viole celui dont la méchanceté est la pente naturelle.

Cela dit, tous les deux arrivèrent au rond orné des statues de Castor et Pollux, image de leur amitié. Là, Clovis, après avoir interrogé d'un regard les espaces environnans, sans y rencontrer des observateurs suspects, s'attacha au bras de son ami, et lui raconta l'histoire pénible des quatre dernières années de sa vie.

Il lui dit comment, conduit à Paris par son père..... son père l'avait abandonné presque sans ressource, et, comme s'il eût eu l'intention horrible de faire de lui un mauvais sujet; que, depuis ce moment, cet homme sans cœur, revenu à Saint-Félix, avait cessé de lui envoyer de quoi suffire à ses besoins : il retenait même les

légères sommes que sa seconde femme,
alors en voyage à la Martinique où elle
avait à recueillir un héritage, envoyait de
temps en temps à son beau-fils. Ce père,
enfin, n'écrivait à Clovis que pour le
charger de commissions insignifiantes,
nouvelles preuves du peu d'intérêt qu'il
portait à ce malheureux enfant.

Ceci achevé à la haute indignation de
l'excellent Honoré, qui ne concevait qu'a-
vec peine cette conduite coupable, tant
elle était loin de son cœur, Orrouis continua, il se montra ainsi complètement
isolé, livré à ses passions, à son délire,
faisant de mauvaises connaissances dans
les deux sexes, écoutant des conseils perfides, voyant devant lui d'horribles exemples, sans trop s'en effrayer : un entraînement qu'il déplorait, une pente fatale
vers le vice, l'avaient déjà conduit à un
premier châtiment. Lié avec un officier
invalide dont les alentours étaient suspects, et qui, un jour, fut volé d'une
forte somme de dix à douze mille francs

environ, Clovis fut enveloppé sans motif aucun, jura-t-il à Honoré, parmi les escrocs que l'invalide soupçonna du coup, la police irréfléchie arrêta le jeune homme, qu'une ordonnance de non-lieu rendit à la liberté un mois après son emprisonnement.

Là, dans ce lieu horrible, Clovis fut contraint de se lier avec des individus perdus de débauches, familiers avec les vices, et ne reculant pas devant les crimes; là, il rencontra Robillet qui le fit recevoir maçonniquement dans la société dangereuse des *Amis*, sans lui en dévoiler d'abord le but et la turpitude : enfin, ceux-ci lui furent révélés. Alors Clovis déplora son sort, mais que faire? à la moindre indiscrétion sa vie serait menacée, car, chez les *Amis*, du soupçon au meurtre, le rapprochement est instantané.

Cependant, soit qu'on ménageât Clovis, soit qu'on eût encore en lui peu de confiance, on ne l'avait pas fait acteur dans les entreprises nocturnes et fréquentes

qui occupaient les initiés ; mais le moment était proche où, dépouillé de son innocence, un jeune homme bien né, fait
pour une meilleure vie, deviendrait soli-
daire de forfaits et d'abominations qui,
maintenant plus que jamais, lui faisaient
horreur.

— Honoré, dit-il ensuite, tandis que son
ami l'écoutait avec une consternation
muette, et néanmoins non sans quelque
joie, car il croyait à la sincérité de la bouche qui lui faisait de pareils aveux, Honoré, répéta Clovis, notre rencontre qui
m'a tant procuré de plaisir, qui me pro-
met tant de bonheur, devait me devenir
fatale. Quand tu t'es déguisé en femme, tu
as cru prendre ta part d'un simple badinage, eh bien ! tu me sauvais la vie en
aidant à prouver à un homme bien redoutable que j'avais des intelligences dans
la maison de ton maître.

— Quoi ! le prince de Morgteinstein aurait voulu enlever mademoiselle Tècle,
s'écria le jockey, tout surpris et trop hon-

nête pour soupçonner plus de perversité.

Ah! reprit Clovis dont la prudence ne voulait pas encore tout confier à Honoré, et qui se félicita de lui voir prendre le change, car tout à la fois il craignait et aimait Edmond. Ah! mon ami, les hommes de son rang ne sont arrêtés par rien de ce qui nous effraie; mais écoute-moi et frémis, sans pour cela me mépriser, les *Amis* cette association qui profane le plus beau mot, sait notre attachement mutuel: hier on m'a fait venir après que je te quittai, et l'on m'a signifié que, sous peine de la vie, je devais, par ton aide, livrer l'entrée de l'hôtel de ton maître, afin que, munis des fausses clefs de la caisse qu'ils se sont procurées, sans que je sache comment, ils puissent y enlever en entier les sommes énormes qu'elle renferme aujourd'hui, et ce sera dans la nuit de vendredi à samedi qu'au moyen d'un rendez-vous que j'obtiendrai de *ta sœur*, entends-tu, Honoré, de ta sœur, ce complot sera exécuté. Ainsi je te rendrai complice d'un crime, toi,

qui n'en as pas la pensée! je me souillerai
sans retour en conduisant au vol mes associés, et je me fermerai irrévocablement
la carrière qui va m'être offerte, et où, je
le sens, il me serait si doux de marcher.

— Non, tu n'y feras point un pas de
plus, répliqua Honoré, pâle de surprise et
d'horreur; non, Clovis, tu ne tremperas
plus dans ces odieuses intrigues. Un protecteur t'est donné, et, comme tu le dis, il
te prépare un sort; quel qu'il soit, ac-
cepte-le, car il sera honorable. Fais plus,
s'il le retarde ou l'élude : tu as cinq cents
francs, reprends les mille francs que je
tiens de toi; acceptes comme prêt si tu
fais fortune, comme cadeau, si tu ne
réussis pas, mes coupons de la caisse d'é-
pargne; change cet or en une pacotille, et
quitte Paris, oh! oui! quitte Paris, ou tu
es perdu, soit par eux, soit par d'autres.

— Les jeunes gens de notre âge, dit
Clovis, sont heureux lorsque, comme
moi, ils rencontrent un Honoré sur la
route. Tu me traces la mienne; mais que

faire maintenant? je ne peux contraindre un homme qui vient de me combler à augmenter aussi vîte la masse de ses bienfaits. Cependant la raison me dit de les attendre : je ne t'arracherai pas le fruit de tes travaux honnêtes.....

— Mais vendredi, Clovis, mais vendredi est proche ; tes associés sont des infâmes, tu leur céderas ou ils te tueront.

— Oui, je le crains : mais pourtant dussé-je être sous peu leur victime, je préfère mourir sous eux que de ramper en avouant à mon protecteur l'infâmie de ma conduite, c'est un acte auquel je ne pourrai me résoudre ; je sens cette estime nécessaire à mon avenir. Honoré ce qu'il y a de plus affreux pour une âme vertueuse, et ce que je sens me prouve que la mienne l'est encore , c'est d'avoir à rougir devant ceux dont on voudrait suivre l'exemple.

— Cependant, sans son appui, tu es perdu!

— Soit, je le serai, ce sera le châtiment de ma faute.

—Non, mon ami, répartit impétueusement le jockey, je ne te laisserai pas
courir à ta perte, il faut que je te sauve
malgré toi, sois tranquille, je trouve le
moyen de tout accorder, laisse-moi le
droit de disposer de ton secret et je me
charge du reste.

— Songes-y, la police prendra l'éveil
si elle ne te dessine pas en complice, elle
fera de toi un témoin, de toi elle viendra
à moi et mes liaisons funestes...

— Sois tranquille, ton nom ne sera pas
prononcé, je prendrai tout pour moi, et
comme, grâce au ciel, mes antécédens
n'ont rien de condamnable, j'échapperai
à un péril, où il y aurait du danger pour
toi.

— Que feras-tu?

— Ceci me regarde.

—Les amis me demanderont si ta sœur
m'a donné le rendez-vous fatal.

— Ta réponse les charmera.

— Comment?

— Elle sera affirmative.

— Tu veux?...

— Que, persuadé de ton union avec eux, ils viennent au piège où pas un n'échappera.

— Et moi?

— Tu entreras le premier, n'est-ce pas?

Oui.

— Eh bien! tu disparaîtras, et l'on te cherchera vainement, car dans la maison tu ne rencontreras que des amis, des défenseurs et des personnes reconnaissantes.

— Mon Dieu! que cela réussisse; mais tromper le chef.... si tu savais son nom... qui il est...

— Bah! fut-il le diable, ou un grand saint Michel, un jeune ange vainquit le premier, et le petit David tua le second, j'ai lu tout cela dans la Bible... La lis-tu, quelquefois...

— Oui... il y a des temps.

— Oh! moi, je n'ai que trois livres,

et je profite bien avec eux ; la *Bible* qui m'enseigne ma religion ; les *Fables de La-Fontaine*, qui m'amusent en me faisant réfléchir ; et *Gilblas de Santillanne* où je vois écrit à l'avance tout ce qui, tour à tour, se déroule devant moi ; enfin si je te parle un langage qui n'est pas ordinaire à ceux de mon rang, c'est à ces trois excellens ouvrages que je le dois ; par exemple, dans ee qui t'arrives, je reconnais Gilblas poussé au mal par le capitaine Rolande, chef des voleurs de la caverne.. Oh ! la drôle d'histoire, écoute-là.

Et l'un de ces adolescens prêta une oreille attentive, et l'autre lui fit, à leur grand plaisir mutuel, une analyse embrouillée de quelques chapitres du chef-d'œuvre de Lesage ; et tous les deux oublièrent momentanément la terrible affaire dont ils allaient se charger.

XII

Un Coup-Cervier et un Agneau.

> Il a été donné au méchant d'ex-
> traire une action coupable de la dé-
> marche vertueuse d'un homme de
> bien.

En vingt-quatre heures, tout avait changé de place dans l'hôtel Dutilloy, où l'on ne parlait plus que le langage d'une opposition exaltée. L'avoué Végou-lat n'ayant pu instrumenter ni pour Arsène ; ni pour l'avocat-député Rumbel, s'était rabattu vers le banquier, auquel il soufflait la folie d'un procès contre le ministère ; Dutilloy, entraîné par la colère, aveuglé par le dépit, paraissait prêt, ainsi que sa femme, à s'abandonner à un acte de haute démence.

Il avait, grâce à ses rentrées, rendu a Salomon Ben Ephraïm la somme prêtée, et maintenant, c'était bien les onze millions appartenant à Belton qui reposaient dans sa caisse. Belton négligeait de les réclamer, il reculait même le procès que comme Dolotry il voulait faire au loup cervier de la finance, tant il s'occupait de la seconde affaire qui le conduisait à Paris, et d'ailleurs la disgrâce honteuse de ce fier coupable lui paraissait déjà une vengeance suffisante ; enfin, et je crois l'avoir dit, il n'était plus excité par la présence de Nazaire Félix, puisque celui-ci, chargé de ses bienfaits, était en route pour son pays natal.

Le banquier, un après-midi, et au moment où il se livrait à l'examen d'une entreprise commerciale dont les bénéfices lui rapporteraient des sommes énormes, fut tiré de son attention ardue par deux légers coups frappés à la porte du salon ; il ne répondit point, peut-être même n'avait-il pas entendu ; mais on revint de rechef à heurter, et ce bruit qui parvint à son oreille, lui donna de l'humeur en lui inspirant de la curiosité; car, son oreille exercée, reconnut dans ce bruit l'effet produit par une main étrangère **aux** habitudes de l'appartement: néanmoins il ne répondit pas encore.

Un troisième appel acheva d'irriter dans Dutilloy le système nerveux, et avec une voix sèche où s'exhalait la mauvaise humeur, il cria coup sur coup :

— Entrez ! morbleu !.... mais entrez donc.

La porte fut ouverte avec cette lenteur qui n'annonce ni l'homme du monde,

de, ni le Mondor, ni le puissant, mais qui
pourrait bien être le précurseur de gens
de mérite, ou de ceux que le malheur
poursuit.

C'était Honoré, le groom d'Amanieu
Dutilloy.

Celui-ci connaissait le domestique de
son fils, mais il avait été jadis trop proche des valets, pour que maintenant il ne
les tînt pas à distance respectueuse; imi-
tateur plébéïen (et le nombre de ceux
qui font comme lui est immense) il co-
piait, sans s'en douter, le noble comte de
Tuffière; peut-être depuis que John-Mac-
Gregor était son commensal, il ne lui
avait pas adressé deux fois la parole; aussi
fut-il surpris étrangement de le voir.

Il crut que son fils lui dépêchait l'adolescent pour lui faire demander quelque
chose, mais modérant l'indignation que lui
inspirait cette venue intempestive, et
voyant que le respect retenait le jeune malicieux à distance de sa portée, sa superbe
s'en gonfla, et l'humilité calculée de l'Es-

ther masculin trouva grâce devant l'auto-
crate de la banque, qui n'ayant pas de
sceptre d'or à lui tendre en marque de
clémence, lui fit majestueusement signe
d'avancer, avec la plume qu'il tenait
dans sa main.

— Eh bien! que veut monsieur Amanieu, dit Dutilloy.

— Rien, monsieur, lui fut-il répondu.

— Alors, drôle, quelle est ton insolence,
de mettre les pieds ici; sors... Ces laquais
ont une arrogance...

— Monsieur, répondit Honoré, en faisant deux pas en avant au lieu de partir
comme on le lui intimait, je vous prie
de me pardonner, je viens à vous pour
vous rendre un service.

— Tu es fou, maraud! ou pire... sors,
où je te ferai chasser.

— Mais, monsieur, ne voulez-vous
donc pas m'entendre, je vous répète que
je me flatte de vous obliger.

— Démon! te tairais-tu... mais qu'est-
ce que tu tiens à la main? c'est, Dieu me

damné, un billet de banque... l'aurais-je
perdu?

Honoré, se voyant repoussé par la folle
vanité du grand citoyen, et craignant de
ne pouvoir lui parler à son aise, avait
imaginé d'essayer l'effet que produirait
sur lui la représentation courante du mé-
tal si cher à son cœur : il fut prompt et
favorable, un banquier ne repousse ni le
signe de l'or ni celui qui le possède et le lui
montre ; car c'est déjà lui faire espérer
d'en prendre sa part.

— Non, monsieur, dit Honoré se féli-
citant du succès de sa ruse.

— Tu voudrais le placer, c'est bien
peu, mon enfant, pour que je m'en
charge, mais comme tu appartiens à mon
fils... Je te ferai observer que l'intérêt
sera très minime ; on me jette à la tête
des masses d'or à trois pour cent par an,
mais je veux te faire une faveur et tu auras un demi en plus.

— Je voulais, monsieur, répondit l'a-
dolescent peu charmé du mauvais mar-

ché qu'on lui proposait, vous apprendre que vous et votre maison courez un grand danger.

— Que veux-tu dire, que signifie ce propos ?

— Des misérables, des hommes perdus de débauche et de crime, ont comploté de voler votre caisse.

— Quant ?

— Dans la nuit de vendredi à samedi prochain.

— Serait-ce vrai ?

— Je le jure !

— Toi !

— Oui monsieur.

— Toi ! et d'où sais-tu... qu'est-ce que cela signifie... approche, enfant... tu es ému... parle : récompensé si tu dis vrai, mais, par la morbleu ! si l'appât d'une récompense....

— Vous l'ai-je demandée ; en ai-je fait à l'avance le prix de ma révélation.

— Allons, allons, parle, et vîte, ne fais pas le raisonneur.

Libre enfin de s'expliquer, le jokey commença par dire qu'un jeune homme, dont il fit un portrait imaginaire, l'avait abordé à plusieurs reprises, et profitant des circonstances propices à ce rapprochement, lui avait payé du café, des liqueurs, des glaces, et par degré s'était insinué afin d'entrer avant dans sa confiance.

—Quand il a cru avoir surpris mon amitié, il m'a tenu un langage insidieux ; je l'écoutais sans trop le comprendre, poursuivit Honoré, alors il s'est rendu plus clair, il ferait ma fortune si je pouvais aider à la sienne ; des phrases vous concernant, monsieur, et dont le sens était positif m'ont fait voir la réalité tout entière, j'ai deviné le double péril pour vous et pour moi ; pour moi qu'auraient immolé, lui et les siens, à leur sûreté commune ; pour vous, que j'aurais laissé sans lumière en butte à leurs tentatives : j'ai réfléchi, et me suis déterminé à feindre d'accepter la proposition. Dès ce moment, j'ai tout

appris : ils sont cinq, ils possèdent déjà
des fausses clefs de votre caisse, façon-
nées au moyen d'empreintes qu'ils ont su
se procurer; à une heure du matin, au
signal donné, je leur ouvrirai la porte
bâtarde du petit jardin par où sort et
rentre mon maître, M. Amanieu. Lorsque j'ai eu tout appris, je me suis hâté,
monsieur, de venir à mon tour tout vous
révéler.

Dutilloy dès l'instant où il avait aperçu
de quoi il s'agissait, n'avait cessé de prêter
au groom une attention marquée, il l'é-
piait dans ses gestes, ses paroles, ses yeux,
les mouvemens de sa physionomie et en
tout il reconnaissait l'expression franche
et loyale de la vérité, c'était un de ces avis
que par fois la Providence donne et qu'on
doit se garder de rejeter.

Mais tandis que le révélateur le croyait
uniquement attaché à bien saisir l'ensemble et les détails de ce qui devait tant l'intéresser, lui, Dutilloy, nageait au milieu
d'un océan d'idées, de plans, de pro-

jets; il voyait lui apparaître, comme des
éclairs jaillissant d'une nuit sombre, une
multitude de coups hardis, de trames in-
comparables ; il apercevait sa fortune
prendre un accroissement prodigieux, de
la cause même destinée à la détruire sans
retour, et il demeurait suffoqué en présence de ces combinaisons merveilleuses.

Aussi plus il travaillait à l'intérieur,
mieux son intelligence se débattait à l'en-
contre de ces succès tantôt sombres, tantôt coloriés, et par conséquent il se mon-
trait à Honoré charmé en auditeur at-
tentif : il le laissa tranquillement achever
sans le troubler ni par son incrédulité, ni
par des questions captieuses, il parut crédule en acceptant tout ceci comme réel,
néanmoins il ne se pressait pas de répondre et persistait à se maintenir dans
ses réflexions.

Cependant tout doit avoir une fin dans
ce monde sublunaire. Le banquier le savait
aussi bien que nous tous, et quand il vit
que le temps d'un silence de convention,

de politesse et de convenance était épuisé,
il attira alors vers son fauteuil le jeune
homme, dont il s'était emparé en lui
prenant le bout des doigts.

—Voilà, mon petit ami, dit-il enfin, voilà
une histoire bien extraordinaire, et tu
as rencontré sans autre antécédent cet
homme qui t'a fait cette révélation?

—Oui monsieur, je ne l'avais vu nulle
part ailleurs et avant le jour (il y en a seize),
où pour la première fois il me parla de
ceci au Jardin des Tuileries, où il me rencontra.

—Et tu n'as soufflé mot à nul qu'à moi
de tout ceci.

—Je n'en ai, je vous assure, rien dit à
âme qui vive.

—Pas même à mon fils.

—A lui, monsieur, moins qu'à tout
autre, c'est un bon patron, je l'avoue,
mais en fait de réserve, il est discret
comme le coup de canon qui marque midi
au Palais-Royal; non, non, certes je n'ai
commis aucune indiscrétion, et tout me

faisait un devoir de garder tout ceci pour vous seul, dans la crainte que le mystère révélé, la chose, ne revint à mes *prétendus amis*, qui alors poursuivraient la vengeance sur ma tête.

— Et ils n'y manqueraient pas, mon enfant, et tu as raison d'être réservé parmi tant de gens si empressés à divulguer ce que l'on aurait tant de motifs pour taire... prolonge donc ton silence ; voici un bon bâillon pour clore ta bouche, un autre pour te fermer les yeux, et celui-ci, en bon frère, s'en va se rallier au solitaire que tu m'as montré déjà.

En parlant ainsi, et en prenant sur son bureau, un à un, deux billets de cinq cents francs chacun que, dans sa panto-mime il feignait de vouloir placer en bandeau sur les yeux du jockey et le troisième de mille francs, les glissant dans la main où Honoré tenait le sien, il se flatta de l'avoir récompensé magnifiquement, comme aussi de payer assez haut sa réserve pour qu'à l'avenir celui-là crut dépendre, corps et âme, de lui, Dutilloy, père d'Amanieu. Rempli de cette idée, et tout en donnant ladite somme, il poursuivit sa période comme il l'avait commencée.

— Enfant, prends-y bien garde, ta fortune sera faite si je suis content de toi ; mais si tu parles, si ma femme, mon fils, un valet, une servante de ma maison deviennent tes confidens et reçoivent cette révélation dont je suis si jaloux, malheur à toi ; car j'ai déjà mon plan pour déjouer cette trame abominable, et un mot entendu mal à propos ou par gens trop portés à me trahir, me rendraient, moi et mon bien, à la merci des brigands que je méprise et que je hais.

— Soyez sans crainte, répliqua le groom, avec beaucoup plus de fierté que jusques-là il n'en avait manifesté, je ne suis pas venu vous apprendre ce coup hardi et funeste pour trahir ensuite votre confiance et ma sécurité qui, certes, ne sera que trop menacée, bien que je n'aie fait que mon devoir.

— C'est à merveille, jeune homme, c'est à merveille, en vous tout est relevé : les sentimens sont à la hauteur de votre fortune, et ne doutez pas que je ne corrige ce que cette dernière a fait de cruel pour vous... mais, je le répète encore, le mystère observé réussit presque toujours.

— Cependant, dit Honoré, que monsieur songe à la rapidité de la marche du temps. Nous allons toucher à vendredi, et, dès la nuit venue, nous serons côte à côte des brigands qui viendront nous assaillir.

— Ne redoutes pas ces artisans du crime : j'aurai, d'ici à leur apparition, pris de telles mesures que le succès contesté tombera indubitablement de notre côté... du mien, et la récompense que je t'en garde te préservera à l'avenir de travailler... Laisse-donc les choses aller selon leur cours, engage-toi mieux encore, s'il le faut, avec ces misérables; ne te tourmentes de rien, et sois persuadé que pas un ne m'échappera ; mais tout manquerait, mais ma gratitude envers toi se changerait en haine manifeste, si tu m'ôtais, par la moindre indiscrétion, le plaisir que je me réserve de conduire à bout cette affaire importante.

Honoré, malgré son intelligence avancée, ne pouvait concevoir dans toute leur étendue les machinations que le banquier combinerait. Peu au fait de l'intrigue, de la rouerie, de l'avidité des loups cerviers, il ne voyait, dans le secret réclamé par Dutilloy, qu'une fantaisie d'amour-propre voulant qu'à elle seule on attribuât les contre-ruses qui feraient échouer le complot des bandits. D'un autre côté il ressentait de la joie à voir la tournure que ceci prenait, puisqu'il ne serait aucunement nécessaire de compromettre Clovis.

Partant de ce point, il ne balança pas à s'engager par un serment solennel à ce silence si précieux pour le banquier : toutefois, lui faisant observer que si, par une fatalité difficile à admettre, et qui, pourtant, pourrait avoir lieu, les voleurs réussissaient, il en serait, lui, groom, entièrement blanchi, puisque le perdant lui-même avait refusé tout concours tendant à consolider son bien dans son coffre-fort.

— Soit, répartit Dutilloy, je te donnerai les déclarations, les décharges convenables. Il est juste que je souffre seul de ce que seul j'aurai causé : en attendant, et pour que tu prennes patience, reçois de nouveau, mon enfant, ces quinze cents francs que je te garde, et qui te porteront deux et demi pour cent par an, quitte de toute retenue; joins-y ton autre petit magot, et le tout travaillera ensemble.

— Grand merci, Monsieur, répondit en riant Honoré, en me modelant sur ce qui se passe ici, j'ai appris à mieux calculer qu'il ne vous semble : je me connais des placemens avantageux à six pour cent, et sans usure, permettez que j'y porte mes premiers mille francs et les quinze cents

que vous me donnez et dont je vous remercie.

— A six pour cent, dis-tu! Les filoux
seuls accordent un intérêt si énorme; les
caisses solides trouvent à trois ou quatre
au plus, tant qu'elles veulent; néanmoins,
comme tu me rends un service réel, je
veux te ranger parmi ceux dont je fais la
fortune, tu auras cinq pour cent.

L'adolescent, à mesure qu'il entendait
parler le banquier, se sentait porté à le
mépriser davantage. Or, le respect disparaît là où la dignité s'est envolée. En conséquence, se faisant un jeu de la conversation et voulant la prolonger, il se refusa
absolument à lâcher ses fonds à moins que
les six pour cent ne lui eussent été promis
solennellement.

XIII

Le Sort dévoilé.

On reconnaît la noblesse d'un cœur
au calme avec lequel il reçoit le nouvel
aspect de sa fortune.
— *Recueil de Maximes.* —

Clovis n'était plus le même homme de
la veille lorsqu'il revint chez le baronnet
sir Belton ou Denis-André Delotry. Sa démarche, quoique simple, était ferme ; son
regard ne demeurait pas perpétuellement

abaissé; les yeux du jeune homme examinaient en face et sans gêne ceux qui lui parlaient; il élevait la tête, il s'énonçait avec politesse, sans doute; mais enfin en homme qui se sent et qui, libre de tout ce qui l'a fait rougir, de ce qui l'a tenu humilié, entre dans le monde, où il sait que la fortune lui réserve une place distinguée.

Delotry remarqua ce changement; il lui fit plaisir, et il en tira bon augure.

— Eh bien! monsieur Clovis, dit-il, commencez-vous à moins douter de la Providence? espérez-vous plus en votre avenir?

— Vous avez porté, répliqua l'adolescent, un trouble extraordinaire dans mon âme, vous l'avez ouverte à tout ce qui égare l'imagination; il me semble que je ne suis plus de cette sphère, et que ceux avec lesquels j'avais coutume de vivre, ont cessé d'être de mon rang.

— Et tout cela provient, répondit le baronnet d'une somme assez peu importante ajoutée à votre petit trésor, et à quelques paroles amicales, et à des espérances d'un nouvel avenir.

— Non, monsieur; non, j'ai vu plus que des bontés ordinaires; vos paroles même m'ont détaché de ma famille; je lui suis peut-être étranger. Au reste, vous m'en avez assez appris pour que je me sois décidé à me frayer le chemin d'une nouvelle vie; celle du passé a pris fin hier. Je vous le jure, mes efforts, dorénavant, tendront à la faire oublier, et celle que je commence me maintiendra dans la voie imaginaire ou réelle que vous m'avez fait entrevoir.

Tout ce que vous me dites me charme, cher enfant, dit à son tour le baronnet enchanté. Si vous avez commis des fautes, si vous avez eu des torts, ce n'est pas à vous qu'on les doit reprocher, mais à ceux qui auraient dû maintenir votre jeunesse; leur conduite est impardonnable, je les déclare bien criminels à votre égard, mon jeune ami. Cependant je ne vous

conseillerai ni la colère, ni la vengeance;
il est beau de pardonner le mal à ceux qui
nous ont fait du bien : il est vrai que vous
n'êtes pas ce que vous paraissez être. Qu'un
nom plus illustre, qu'un rang bien autrement élevé vous appartient. Qui sait même
si, peut-être, sortant de la ligne ordinaire,
vous ne monterez pas... Clovis, écoutez-
moi, mes paroles régleront votre sort; faites
en sorte de ne pas en prendre trop de
vanité; repoussez tout sentiment de haine,
et souvenez-vous que le premier prince
du sang de France étant monté sur le
trône sous le nom de Louis XII, un de ses
serviteurs dévoués lui présenta, plusieurs
jours après, la liste de tous les grands seigneurs qui avaient été ses ennemis, ou
s'étaient mis en mesure de lui nuire pendant les règnes de Charles VIII et de
Louis XI, ses prédécesseurs. Vous savez
la réponse de l'auguste monarque : *Le roi
de France ne venge pas les injures du duc
d'Orléans* (son ancien titre). Eh bien !
aîtes comme le grand roi,

Et je m'y engage, s'écria Clovis en levant la main vers le tableau d'un Christ qui ornait cette salle : je l'affirme sur l'honneur et en face de mon Dieu. D'ailleurs, suis-je moi-même si exempt de blâme pour avoir le droit d'adresser à quelqu'un des reproches? Monsieur, vous serez content de moi ; je prendrai si souvent vos conseils qu'ils seront seuls les régulateurs de ma conduite future.

—Que je vous embrasse, mon cher, mon noble pupille, dit à son tour Belton-Delotry, tout transporté, je ne m'attendais pas à tant de sagesse dans cette jeune et charmante tête. En vérité, je commence à croire, qu'indépendamment de l'empire de l'éducation, il y a dans le sang une force, une puissance morale que le philosophe a peut-être eu le tort de nier, ou qu'il n'a pas voulu apercevoir. Du moins je trouve en vous ce qui suffirait pour vous placer à votre rang. Maintenant, prêtez-moi une oreille attentive, vous allez tout apprendre, hors le nom de votre père ; je ne veux vous le nommer qu'en présence du seul parent de votre nom qui vous reste encore.

A la suite de ce préambule, Belton-Delotry raconta ce qu'il est inutile que je répète, puisque je l'ai fait connaître, avec assez de détails dans les pages du tome Ier, auxquelles le lecteur peut recourir, si les faits importans de cette histoire véritable sont en partie effacés de sa mémoire. Clovis l'écouta avec une avidité dont la cause est naturelle. On voyait tour à tour sa physionomie, naïve et pleine d'expression, s'empreindre des sentimens qui naissaient à leur tour dans son âme. L'orgueil légitime inspiré à un jeune homme par la splendeur de sa race, cette hauteur de rang dont il descendait, ces prétentions qui, autrefois, lui étaient chimériques, et que maintenant la fortune réalisait ; ces choses si étranges, si bizarres, si inconcevables arrivant coup sur coup pour être simples, naturelles et communes. Il n'en revenait pas : rêvait-il ? était-il bien éveillé ?

En vérité, c'étaient des questions qu'il s'adressait sans cesse, qu'il cherchait à résoudre, et qui même résolues, lui semblaient encore plus embrouillées, plus obscures qu'auparavant.

Mais, d'une autre part une pensée pénible, déchirante, cruelle tombait à son tour et brisait son cœur ; elle provenait du contraste de sa vie actuelle avec celle qu'il aurait à mener désormais; comment passerait-il si rapidement d'une existence vicieuse, blâmable, à une conduite digne noble et propre à se faire estimer. La solution de ce problème lui était plus pénible que le reste, et il se demandait comment il s'y prendrait pour oublier le vieil homme et pour revêtir le nouveau.

Tant de combats intérieurs, de murmures de sa conscience, dé reproches qu'elle lui adressait emportaient l'âme de Clovis, dans une mer d'irrésolution, d'angoisse dont il ne savait se retirer, et où il était sans gouvernail, boussole ni pilote; d'un autre côté, il redoutait que ses habitudes précédentes ne vinssent à la connaissance de la société où il allait entrer; comment recevrait-elle un personnage si peu digne d'elle, un homme indigne du nom, du rang qui l'attendaient.

Toutes ces choses agissant à la fois troublaient la sérénité du front de Clovis, son visage devenait sombre, ses yeux se remplissaient de larmes, et néanmoins il prêtait une attention extrême au récit circonstancié qui lui était fait, comptant en cette force dont il se sentait capable; se flattant surtout, qu'il lui serait facile de se vaincre et de dérober la connaissance de son histoire passée; car, se disait-il à lui-même, en quittant Paris, et passant plusieurs années loin de cette ville où j'ai commis tant de fautes, je me relèverai. D'ailleurs, loin de mes compagnons d'extravagance et de vice, je ne craindrai ni leurs propos qui me seraient insupportables, ni les allégations fatales pour lesquelles les misérables me déchiraient.

Belton-Delotry, tout en faisant passer

les aventures du prince de Morgteinsten, devant le fils de ce seigneur; et bien qu'il étudiât avec un soin extrême les sentimens dont Clovis était agité, il ne put parvenir jusqu'à les connaître tous. Charmé de voir dans cet adolescent une fierté si bien tempérée par de la modestie, comme de surprendre en lui des dehors propres à le rapprocher de la vertu, il lui promit que le jour suivant ne se passerait pas sans qu'il le mît en présence de son parent le plus proche, de celui dont sans doute, une partie de sa destinée dépendrait désormais.

— Celui-là m'apprendra-t-il mon nom, demanda Clovis, que lui serai-je, pourra-t-il m'aimer, ne me haïra-t-il pas plutôt.

— Frère de votre père, répondit le baronnet, je ne vous cache pas que votre existence ne peut que lui déplaire. Il avait cru succéder de plein droit à l'entière succession du prince qui vous a donné le jour, maintenant que vous paraissez je ne sais quelles lois politiques régissent les contrées où vous régnerez, aurez-vous

simplement des droits aux biens parti-
culiers de votre père, ou bien, malgré le
cas de la naissance étrangère de votre
mère, de son manquement total de noblesse
et d'illustration, serez-vous reconnu pleinement légitime, ou cet hymen, le rangera-
t-on parmi ceux connus en Allemagne sous
le nom particulier de mariage de la main
gauche.

Dans ce moment un domestique parut,
il ouvrit soudainement les deux battans
de la grande porte du salon, et annonça
avec l'emphase commune à ses pareils, son
altesse sérénissime monseigneur le prince
de Morgteinsten.

Edmond était préoccupé de la présentation fatale dont on l'avait menacé,
redoutant avec mille raisons d'être mis en
présence de ce neveu dont les exigences
amèneraient trop vite la connaissance de
sa situation réelle. Il avait senti combien
il lui importait d'en retarder le moment.
Souhaitant en outre, de conserver jusqu'a-
près la nuit du vendredi au samedi suivant

la liberté complète de conduire à bien
la tentative contre la caisse du banquier
il lui fallait détourner ou retarder plus
loin tout incident capable de nuire à ce
coup de main.

Vu cette double position, il pensa, et
avec sagesse, que s'il obtenait un délai
du tuteur de son neveu prétendu, la chose
équivaudrait pour lui à victoire gagnée.
En conséquence, et ne se donnant guère
le temps de réfléchir, il se flatta de parer
à tout, si ce personnage consentait à remettre, au lundi d'après, l'entrevue dont
il l'avait menacé.

Un autre motif le portait à chercher,
par tous les moyens possibles, à s'assurer
de ce délai. Il savait tout ce qu'il avait à
craindre, et principalement combien ce
fatal Anglais lui serait funeste. Or, se débarrasser de lui, en l'immolant à sa sûreté, était devenu sa pensée favorite ; mais
un seul scélérat le pouvait servir dans ce
nouveau crime, son cousin Robillet, et
celui-ci sachant que la grande entreprise

dirigée contre le trésor de Dutilloy n'aurait lieu qu'à deux ou trois jours plus
tard, venait de partir pour une expédition de contrebande assez importante, et
qui ne serait pas terminée avant le vendredi matin.

Privé de ce complice fidèle, ne se confiant pas assez en Hippolyte, ni en Balthazard, ne pouvant, lui seul, tenter un
tel coup de main, il y avait donc force
majeure à le remettre au samedi ou au
dimanche suivant. Ainsi, et d'après ces
considérations réunies, Edmond se détermina à ce qu'on appelle, dans le monde,
une démarche pleine de franchise, ce qui
n'est en général qu'une nouvelle tromperie. Il s'agissait, sous un prétexte quelconque, de réclamer et d'obtenir un re-
tard à l'entrevue annoncée.

En conséquence, ne doutant pas qu'il ne
pût, avec une facilité merveilleuse, tromper un honnête homme, il s'était hâté d'accourir chez celui-ci; on l'annonça. Il entra
tellement aveuglé par son projet, et même

si échauffé de sa course, que non-
seulement il ne reconnut pas Clovis, mais
qu'il ne l'aperçut même pas. Il faut faire
observer qu'entendant le nom d'Edmond,
un pressentiment était venu frapper Clovis et lui faire penser qu'Edmond pourrait bien jouer un rôle quelconque dans
son histoire; cela l'avait fait se reculer
involontairement, afin de ne pas en être
vu d'abord, et de pouvoir prendre assez
d'empire sur soi-même, pour cacher
à Belton ses rapports précédens et la
connaissance antérieure qui existaient
entre lui, Clovis, et le nouveau-venu. Ce
dernier donc, se croyant seul avec le personnage qu'il venait voir, lui dit :

—Je n'ai pas voulu m'excuser par écrit
auprès de vous, Monsieur, de l'absence
inattendue et de peu de durée à laquelle je suis contraint ; j'ai cru convenable de venir moi-même m'expliquer.
Je pars dans une heure pour Tours, où
un ami mourant m'a appelé ; je ne revien-
drai donc à Paris que lundi au soir ou

mardi au matin, et, dès ce moment, je serai charmé de vous voir et d'embrasser le prince mon neveu.

— Prince, répondit le baronnet, je vous souhaite bon voyage ; mais avant que vous montiez en voiture, permettez-moi de vous présenter le prince votre....

— A mon retour, Monsieur, à mon retour, je compte les minutes.

— Eh bien ! je ne veux pas vous en faire perdre... Prince Clovis de Morgtein-stein ! venez embrasser son altesse séré-nissime votre oncle, demandez-lui sa tendresse en l'assurant de votre respect et de votre attachement.

En parlant ainsi, le tuteur de l'ado-lescent ayant pris celui-ci par la main, le conduisit vers Edmond et le poussa, pour ainsi dire, dans ses bras.

XIV

Le Serpent qui cherche à mordre.

> Le plus grand supplice du criminel
> endurci, est le spectacle d'un cœur
> égaré qui reprend le chemin de la
> vertu.
> — *Recueil de Maximes.* —

Edmond, accoutumé à jouer tous les
rôles, à prendre tous les masques et à se
rendre maître constamment de sa physionomie, fut néanmoins vaincu dans l'occurrence par la fatalité du rapproche-

ment. Se trouver en présence du fils de sa victime, de la personne dont il avait osé prendre le nom, n'auraient rien été pour lui, et il serait parvenu facilement à se dompter et à soutenir la présence de celui qui devait avoir à lui demander un si terrible compte.

Mais **rencontrer** devant soi un individu qui le connaissait si bien, un homme, son égal, son complice, du moins le croyait-il encore, et dans celui-ci apercevoir le fils d'un infortuné qu'il avait immolé, ne pas espérer de le tromper en aucune manière, tomber en son pouvoir dès le premier instant, car Clovis savait bien qu'il n'était pas celui dont il portait le nom. Que lui adviendrait-il de cette rencontre funeste? comment en sortir sans péril présent ou prochain? de quelle manière agir pour l'empêcher de faire, non-seulement un éclat présent et instantané? mais encore pour en obtenir un délai, et, de plus, conserver sur lui assez d'empire pour qu'en ne disant rien, il consentît toujours en outre à ouvrir aux amis l'entrée de la maison du banquier ?

Toutes ces réflexions et beaucoup d'autres aussi importantes passèrent dans l'esprit d'Edmond avec une rapidité inconcevable, leur multiplicité ne lui permit même pas, comme je l'ai dit, de maintenir son visage impassible et serein ou bien d'y montrer la joie mélancolique d'un parent qui retrouve son neveu après la mort tragique du frère de l'un qui en même temps est père de l'autre; une horrible crainte, une stupéfaction menaçante firent pâlir son front et étinceler ses yeux, ses traits se contractèrent, sa bouche se plissa hideusement et une exclamation subite d'épouvante lui échappa soudainement; en un mot, il parut complètement décontenancé.

Clovis, au contraire, Clovis presque préparé à la rencontre, puisqu'il avait aperçu Edmond avant d'en être vu, avait eu le loisir de vaincre son premier mouvement et de se maintenir dans la simple émotion convenable à la circonstance; aussi, au lieu de démonter péniblement ses traits, il les contint dans les limites de l'à-propos ; et trop sage, trop réfléchi pour brusquer un éclat, il se conduisit devant Belton comme si pour la première fois il voyait Edmond et comme si également il fut convaincu de voir en lui son véritable parent.

D'une autre part, le spectateur de cette scène, de cette manifestation de haine et d'effroi qui venait d'échapper au prétendu Morgteinsten, deplorait que la soif de l'or et des honneurs, que l'entraînement des faiblesses humaines pussent dominer à tel point un cœur né pour être généreux et noble qu'ils ne lui inspirassent que des sentimens mesquins et bas, cependant n'ayant aucune autre pensée et s'attachant à celle-là qui lui paraissait assez honteuse, il reprit dès que l'exclamation du prince fut jetée.

— Oui, monseigneur, voilà ce jeune homme sorti de votre sang, né de votre

frère, investi de sa fortune, de ses honneurs, qui ne veut rien tenir que de vous
et dont l'amitié vous dédommagera des
pertes que vous pourrez faire d'un autre
côté.

— Je suis persuadé, répliqua Edmond
en pesant sur chacune de ses paroles de
manière à faire réfléchir Clovis et à prévenir de sa part tout acte d'imprudente
violence; je suis persuadé que celui que
vous me présentez comme mon neveu
comprend dejà combien tout éclat, toute
colère intempestive nuiraient à nos intérêts communs; si ses droits sont incon-
testables, si les preuves que vous m'en
présentez sont évidentes, je serai le premier à les proclamer, ⚫ les faire prévaloir
soit en France, soit en Allemagne et je me
flatte qu'après une bonne et franche cau-
serie intime et particulière, ainsi qu'il
convient entre bons et sincères parens,
nous nous entendrons si bien que notre
cause deviendra commune aux deux parties; si le jeune homme... si mon neveu

emporté par des passions violentes sug-
gérées par mes ennemis débutait par me
déclarer la guerre, par m'attaquer avant
que d'avoir conversé tête-à-tête amica-
lement avec moi, ma situation n'est pas
encore si mauvaise que je ne puisse troubler la sienne et l'empoisonner pour toujours.

— Eh! monseigneur, s'empressa de
dire Belton-Delotry, pourquoi vous mé-
fier de mon pupille, enfant du malheur
jusque-là, n'ayant aucun protecteur au
monde que vous ou moi, songerait-il à
vous déclarer la guerre lorsque vous vous
présentez si loyalement, que dis-je, loin
de là il sera prêt, je le parie, à rendre
votre position plus brillante qu'elle ne
l'est; sans doute, son apparition inattendue vous met en seconde ligne, mais
son amitié, son respect, sa libéralité
vous rendront, je le répète, l'équivalent
de ce que vous avez perdu; parlez, mon
enfant, parlez à votre tour et rassurez
votre oncle; il faudrait, certes, que vous

eussiez le cœur bien mauvais si le premier acte auquel vous vous livrerez devait être fatal à un aussi proche parent.

Ces deux discours, car vu leur longueur on peut les qualifier ainsi, avaient donné tout le loisir à Clovis de méditer son langage, alors renfermant au fond de son âme ce qui ne devait pas encore s'exhaler il leva les yeux vers Edmond que jusqu'à ce moment il avait cessé de regarder, les lui laissa voir remplis d'une fausse bienveillance, de manière à lui cacher le véritable sentiment dont le cœur du jeune homme était rempli, et il dit :

— Qu'il priait son oncle de l'excuser si dans le premier moment il avait paru froid et retenu, qu'on ne passe pas d'une misère profonde à une fortune aussi brillante sans ressentir de si vives émotions; qu'elles entraînaient l'âme et le jugement de manière à les égarer ensemble, tout d'abord: mais que bientôt après la réflexion étant venue il sentait combien son intérêt, n'y eut-il même ni respect, ni amour, devait

le porter à s'accommoder avec un aussi
proche parent: qui, assurément, entendait
confondre ensemble leur existence future,
étant convaincu, par avance, qu'un si bon
oncle ne lui dirait rien dans leur conférence privée, rien dont lui ne dut être
pleinement satisfait; qu'enfin il avait
lui, Clovis, trop de vénération pour
son tuteur, pour que celui-ci ne fut pas
dans tous les temps le régulateur suprême de sa conduite.

— Bien, bien! s'écrie Delotry, oui
prince vous êtes digne de votre nom,
mais pourquoi retarder une explication
qui vous sera agréable, un épanchement
qui réunira en un seul faisceau vos deux
cœurs, vous êtes chez moi, c'est votre
demeure, mon cher prince, vous ne la quit-
terez plus désormais que je ne vous aie
ramené dans vos états, vous pouvez y
entretenir librement son altesse sérénissime votre oncle qui, sans doute, s'em-
pressera de vous servir d'introducteur à la
cour.

Delotry, après avoir parlé ainsi salua les deux autres assistans et passa aussitôt dans une autre pièce, laissant en présence l'oncle prétendu et le neveu légitime, il se flattait que leur colloque amènerait une tendre union, que rattachés l'un à l'autre par les nœuds du sang, le plus jeune accorderait à l'autre une influence, qui obtenue de bon accord profiterait à tous les deux.

Restés seuls, Edmond perdit soudainement son aplomb et sa suffisance, il aperçut dès que le maître du lieu eut disparu, les yeux de Glovis étinceler d'une manière peu rassurante, il en ressentit une terreur rapide, mais portant une seconde fois ses regards sur ceux de son neveu de hasard, il s'émerveilla de la promptitude avec laquelle il s'était radouci, cependant quoique rassuré par ce dernier aspect il ne peut prendre sur lui assez d'empire pour entamer la conversation, ce fut l'adolescent qui dut monter le premier à la brèche.

— Eh bien ! Edmond, dit celui-ci

qu'est-ce donc que ce qui se passe entre nous, qui êtes-vous réellement, je sais de tout à l'heure ce que je suis, et si ma nouvelle existence n'est pas un songe, quel compte terrible vais-je avoir à vous demander.

— Donnerais-tu, Clovis, trop de confiance aux radotages d'un homme...

— Arrêtez, répliqua le jeune prince, en ne craignant pas d'interrompre l'imposteur, il est deux choses que je dois vous interdire, la première c'est de me tutoyer, la seconde de douter d'un fait qu'il ne vous appartient d'affirmer ni de contester.

— Oh! oh! jeune coquorico reprit Edmond, en affectant un calme ironique étranger à son cœur et n'existant uniquement que sur ses lèvres; oh! oh! vous chantez sur un haut ton de grand matin! Le diable, je le vois, vient à ton aide, mais j'ai bien assez fait en sa faveur pour me targuer de n'être pas non plus abandonné de tout point de sa majesté satanesque. Vous voilà prince, soit; votre avenir sera

beau c'est à merveille... Mais le passé cher
bijou, est-il à l'avenant? l'avez-vous filé
d'or et de soie?... misérable, as-tu donc
oublié dans quelle fange on t'a vu descendre, quelle vie désordonnée tu as
menée parmi nous? des témoins de tes
vices, de ton odieux libertinage, manque-
ront-ils si je vais à leur recherche? et il
s'échappera de leur bouche d'étranges
concerts de louange qui ajouteront beaucoup, sans doute, au respect que te voue-
ront tes futurs sujets..·

— Edmond!!!... s'écria l'adolescent,
exaspéré.

— Clovis, répartit le mauvais bandit
baisse ta voix où s'élève la mienne, n'as-tu
pas été prisonnier et accusé de vol, n'es-
tu pas enrôlé dans ma bande, n'ai-je pas
ton enrôlement écrit de ta main, ne puis-je
pas te déshonorer si je veux, prends-y garde
tu peux, à ce qu'il paraît, monter sur un
trône et ce sera en homme taré, conspué,
souillé! crois-moi, ne me pousse pas à
bout, et comme tu l'as dit tantôt, soumets-

toi aux conséquences de cette explication.

— Quoi! misérable tu oserais me flétrir?

— Eh! pourquoi pas, si tu oses me poursuivre, si tu ne viens ici que pour me perdre, de toutes façons j'admets que tes révélations me coûtent la vie, où tout au moins la liberté: que m'importe! est-ce que dans la carrière où je marche il ne faut pas s'attendre chaque jour à en trouver le châtiment; tu le précipiteras soit, mais enfin? tu commences la vie et à l'instant où la plus belle part s'ouvre devant toi, voici que la fortune par un jeu bizarre, te destine une couronne. Eh bien! ce destin si heureux, si prospère je peux l'empoisonner, le flétrir, te le rendre insupportable, les princes tes confrères sauront à quels indignes écarts tu abandonnas ta jeunesse, à quels crimes tu as été prêt à prendre part; que dis-je, nous te désignerons parmi nos complices, et certes, les preuves ne manqueront pas. Vois la belle apparition que fera parmi

les souverains l'hôte de Madeleine Miltard,
dite la marquise de Sévigné, le compagnon
des *Amis*, société en commandite de vol
et d'assassinats.

— Je suis perdu, s'écria Clovis, qui
malgré sa perspicacité demeurait anéanti
à l'aspect du tableau trop véridique, trop
cruel qui lui était si durement présenté et
il baissa la tête pour cacher ses yeux
remplis de larmes; Edmond l'examina
avec une joie maligne et reprenant, puis -
que lui ne poursuivait pas.

—Eh bien! Clovis, te voilà tout interdit
je viens de te chanter un couplet pénible
je le sais, mais à qui la faute? à toi, qui
ébloui tout à coup de ta fortune inespérée,
as cru pouvoir t'y établir comme dans
un fort d'où l'on ne te bannirait pas. Je
sais bien que tu peux monter haut, que
tu peux me faire descendre bien bas;
mais malgré l'élévation de l'un et l'abais-
sement de l'autre, celui-ci, dans ses ressources, a le moyen de nuire étrangement

à celui-là: sois donc sage, entends-toi avec nous, et alors....

— Moi! jamais! ah! oui, jamais! sais-tu qui je suis, Edmond, et sais-je bien ce que tu peux m'être?

— Eh! mais! ton parent fort tendre, répartit en riant le bandit.

— Mon parent, misérable! répondit le jeune homme en se reculant de celui qui lui tendait la main, ne serais-tu pas plutôt l'assassin de mon père?

— Moi :

— Toi! oui! toi! et dans ce cas....

—Tu es fou, Clovis, vrai, de par tous les diables! dit Edmond en affectant de plus en plus une gaîté que démentait de point en point son trouble subit et la consternation, plus forte que sa volonté, dont les symptômes se développaient et dans ses yeux et sur son front, Où? quand et comment aurais-je pu commettre cette action? j'en suis incapable!

— Ecoute à ton tour, Edmond: d'une part on me révèle ma naissance; je dois

la vie à un prince étranger, S. A. S. Christian de Morgteinstein, marié secrètement
à une humble bourgeoise de la comté de
Lauraguais ; un testament, un contrat de
mariage, des actes de naissance, de recog-
nition solennelle, tout ce qui constate
mon état civil actuel, établissent ce que
j'avance : d'un autre, je trouve un personnage, véritable prince Christian de Morgteinsten, pour tout le monde, selon ton
propre dire ; puis, en face d'un homme
mieux instruit tu n'es plus que le frère de ce
haut personnage. Enfin, devant moi, qui
es-tu ? Edmond Miltard, fils d'une femme
perdue, et prenant, sans droit aucun, le
nom, les titres d'un homme qui a disparu ;
et tu te trouves investi de ses papiers, de
ses bijoux, de son argent, de son linge et
de tout ce qu'il possède. Ne m'as-tu pas
appris, dans le but de m'expliquer ta situation momentanée, que ton maître avait
péri d'une chûte funeste sur le mont Taï-
jette, dans la Laconie, en Grèce ? a-t-il
réellement été la victime d'une impru-

dence ? n'as-tu fait que profiter de celle-ci ?...

— Peux-tu croire, mon ami ?...

— Je crois, je crains tout de ta part, car enfin je te connais, et si mon père a péri par ta main, je jure, en face du soleil qui nous éclaire et de Dieu qui nous entend...

— Allons, Clovis, pourquoi ces mauvaises pensées ? à quoi bon des sermens dont l'imprudence ?... Laisse-moi le loisir de me justifier, et, à mon tour, je m'engage à te convaincre de mon innocence... Si tu n'as pas à me reprocher... le meurtre de ton père, y a-t-il en toi un besoin véhément de me perdre ?

— Non, certes, et dans ce cas tu n'auras point à te plaindre de moi.

— Eh bien ! voici ma proposition dernière, mon ultimatum : dimanche matin qui vient, je remettrai à toi, à ton tuteur, tout ce que je possède en qualité de prince de Morgteinstein ; les papiers honorifiques et d'affaires ; les actes, contrats ; valeurs,

bijoux, or, argent comptant ; lettres de
crédit, de change ; décorations, titres ;
mobilier, argenterie ; tout, en un mot,
sans rien retenir. La chose faite, je feins
de retourner en Allemagne, je quitte
Paris, la France, sors de l'Europe et, me
retirant dans les Etats-Unis, je tâcherai
d'y mener la vie d'un honnête homme.
Par là, tu es débarrassé de ma présence,
de mes attaques, de mes récriminations ;
nul des autres amis ne soupçonnant ta
nouvelle fortune, ne tenteront de la troubler. Je fais plus, j'emmène avec moi les
plus à craindre, mon cousin Robillet avec
Hippolyte. Quant à Balthazard, un avis
que je donnerai à la police t'en délivrera
sans retour. Que te semble de cette proposition ? elle comble tes désirs et ne te
coûte pas une obole.

— D'où te vient ce désintéressement
extraordinaire ? demanda Clovis, du ton
d'un homme tout préoccupé à chercher
la cause d'une proposition à tel point sin-

gulière qu'il ne pouvait la croire réelle ou sincère.

— Oh ! reprit Edmond, tu ne penses pas que je sois assez sot pour partir ainsi les mains vides, tu ne t'imagines pas non plus que, me mettant en entier à ta merci, je change notre rôle, que je te donne le mien en prenant le tien propre ; tu ne me croirais pas si j'agissais ainsi, et loin de m'accorder ta confiance, tu n'en aurais que plus de crainte, et tu ne verrais en ceci qu'une ruse adroite de ma fallace.

— C'est vrai, dit Clovis naïvement.

— Aussi la chose n'aura pas lieu de cette manière : je veux, en m'éloignant, que si tu as du pouvoir sur moi, je n'en aie pas moins sur toi ; que si tu ne débourses pas une obole afin de te débarrasser de ton cher oncle..... ton oncle, loin de partir les mains vides, emporte, avec ton concours, une fortune tellement immense qu'elle le dédommage de tout point de ce qu'il t'abandonne, que surtout, par elle, il puisse ne jamais regretter le titre de prince que tu porteras seul après que je m'en serai dépouillé pour toi et sans retour. En un mot, je veux que notre partie de vendredi prochain tienne autant que si tu n'étais que le confrère des *Amis*; tu exécuteras ce que nous sommes convenus ensemble; par là je m'enrichis, par là je suis certain de n'avoir plus à te craindre, et je serai tranquille pour mon avenir comme de ton côté tu le seras pour le tien.

— Et c'est ce que tu demandes? dit Clovis abattu, il faut qu'au moment où je m'élève je m'avilisse encore plus; que je me voue à l'échafaud, lorsque peut-être je vais m'asseoir sur un trône.

— Oui, sur un trône, prince, répliqua le brigand du ton le plus sérieux, la grandeur de vos états vous donnera encore une certaine importance en Allemagne, je sais mieux que vous vos prérogatives, vos droits, l'étendue de votre puissance; et la régence qui gouverne depuis vingt ans environ a amassé, par une sage économie, une somme immense dans les caves de votre palais principal.

— Eh bien! puisqu'il te faut de l'argent, conserve tout ce que tu tiens déjà, fixe-moi ce que tu veux que j'y ajoute, je ne te refuserai rien; que t'importe d'où la fortune te vienne, pourvu qu'elle t'arrive.

— Il m'importe beaucoup, non il ne m'est pas égal que vous soyez dans le ciel et moi dans la fange. Quoi, je vous aurais vu au-dessous de moi et vous monteriez au-dessus à mon éternelle jalousie : si la fortune vous favorise ainsi, eh bien! je prétends la combattre, la contrarier, et je ne pourrais jouir d'une heure de joie si je n'empoisonnais pas la vôtre, si je ne flétrissais pas votre avenir. Oui, je l'avoue, ceci est moins une œuvre de félicité que d'envie, c'est ma rage, ma haine que je sers et non mon avidité.... ne vous abandonnez ni à des prières, ni à votre courroux; n'espérez ni me fléchir ni me gagner, souverain impromptu, oui, de

par Dieu, je ferai une tache sur votre manteau princier, et cela, à l'instant même devant votre tuteur, car me perdre ne me fait
pas peur; je serai réjoui de mes chaînes par
la flétrissure dont je couvrirai votre front.

Après ces derniers mots, Edmond tira
sa montre, fit voir à l'adolescent la position des aiguilles, et poursuivant :

— Encore cinq minutes, et S. A. S. le
prince régnant de Morgteinsten sera déshonoré sans retour.

Clovis frémit, son visage pâlit et rou-
git tour à tour, des larmes dans ses yeux
succédèrent à des éclairs de fureur, un
tremblement convulsif s'agita dans tout
son corps, et pendant que ses mains se
crispaient, ses cheveux se hérissaient sur
son front; deux fois il voulut parler mais
le craquement convulsif de ses dents y
mit obstacle, sa bouche était sèche et
décolorée, il resta donc en silence devant son terrible ennemi tenant dans
son cœur un conseil où toutes ses passions eurent voix et d'où, par bonheur,

elles ne chassèrent pas la prudence.

La marche rapide du temps gagnait de vitesse aux regards consternés de Clovis; l'aiguille fatale avait encore à marcher pendant deux secondes, lorsque Clovis d'une voix étouffée dit :

— Je me décide et me soumets, je connais votre infâme caractère, Dieu nous jugera, il verra quel sacrifice je fais à mon honneur.

— Dis plutôt à ta vanité, repartit Edmond en riant d'une joie infernale; au reste tu as pris le bon parti, et maintenant sois sans crainte; j'exécuterai mes promesses; je te prouverai qu'il y a de la probité là, où il te plait déjà, orgueilleux polisson, à ne voir que vice et que crime. Rappelle ton tuteur, tu vas connaître si je sais m'exécuter.

Clovis chancelant, et hors de soi, alla vers la porte du cabinet de Belton-Delotry, il demanda ce dernier qui parut aussitôt; Edmond en le voyant fit deux pas pour s'en approcher, et alors :

— Monsieur, dit-il, lorsque la nouvelle fatale de la mort de mon frère m'est parvenue, je me suis cru son héritier légitime et j'ai agi en conséquence : aujourd'hui, vous renversez ma situation vous m'apprenez l'existence d'un neveu, héritier direct et légitime de mon frère ; les preuves irréfragables de la naissance de votre pupille existent, soit à Vienne, soit ailleurs ; je ne conteste rien ; j'avoue que parmi les motifs qui me déterminent à céder, la ressemblance frappante de ce jeune homme avec mon frère compte pour beaucoup. Jugez en vous-même, mon neveu, recevez de la main d'un oncle qui vous aime un présent qui vous sera précieux, le portrait de votre père ; tenez, voyez combien les traits sont en rapport avec les vôtres.

En parlant ainsi, le faux prince retirait d'une poche secrète de son habit un médaillon d'or orné de deux cercles de diamans, sur une face était une miniature représentant un jeune homme somptueusement vêtu et dont la physionomie rappelait d'une manière admirable celle de Clovis ; de l'autre côté, sur un fond de satin blanc, on apercevait une boucle de cheveux noirs appliqués avec goût et soin, un long ruban blanc, liseré de rouge, celui de l'ordre de Dannebrog de Dannemarck, était passé dans l'anneau supérieur du riche bijou, il se déroula en sortant du morceau de satin qui renfermait le tout ; il flotta et attira les regards de Belton et de son pupille ; mais celui-ci, l'ayant examiné de plus près ainsi que le revers du portrait ne put retenir un cri et un mouvement d'horreur.

— Oh ! grand Dieu ! que me présente-t-on ? quel est ce sang ?...

— Ce sang, répétèrent les deux assistans consternés à leur tour.

— Oui, ce sang ; ne le voyez-vous pas. Les traces en sont nombreuses et visibles, reprit Clovis avec une nouvelle vivacité. Mon père ! oh ! mon malheureux père ! es-tu donc mort assassiné

— Traître! s'écria Edmond en grinçant des dents, n'aurai-je embrassé qu'un ennemi? ne t'a-t-on pas dit que mon frère a péri des suites d'une chute?...

— Oui, dit Delotry, confondu tout ensemble de ce qu'il venait de voir, d'entendre, plus encore peut-être ému des soupçons qui s'élevaient en lui, mais dont la haute sagesse se refusait néanmoins à tout éclat, que des preuves patentes n'approuveraient pas. Oui, mon enfant, votre illustre père, mon ami, précipité par son imprudence dans un gouffre de la Laconie, a expiré, sans pouvoir être secouru, en se fracassant la tête; le sang a dû jaillir, et cette triste relique ne doit que vous en être plus chère; donnez-la-moi que je l'ôte de devant vos yeux, plus tard je vous la rendrai.

— Non, monsieur, dit Clovis avec une douleur concentrée; jamais, volontairement du moins, je ne me séparerai de ce gage précieux. Qui sait si la manière miraculeuse par laquelle il m'est parvenu n'est pas un avis du ciel , qui veut que sa mort soit vengée; de ce père dont le trépas, quoiqu'on prétende, me semble couvert d'un voile mystérieux ! Je le soulèverai.

Clovis mit à ces derniers mots une telle expression, que son oncle prétendu dont la figure prit une apparence de mécontentement marqué, en frémit involontairement.

— Mon neveu, dit-il, si j'eusse prévu ce qui vient d'arriver... si plutôt je me fusse rappelé... j'aurais évité cette émotion à votre sensibilité qui s'égare ; mais le temps me presse, je vais partir dimanche au soir ; je rentrerai dans Paris ; peut-être même sera-ce samedi ; aussitôt je vous mettrai en possession de tout ce qui vous revient de la succession de votre père : jusque-là, patientez.

Ici le jeune homme fit un pas vers lui qui inquiéta Delotry ; mais le retenant :

— Au revoir, à bientôt ; oui, à bientôt ;

et tout bas en passant auprès d'Edmond,
de plus en plus consterné :

— A ce soir, chez la mère Miltard.

XV

Le Criminel vu sans voile.

> Si le vice et le crime ne se montraient
> sous une parure qui les cache, leur lai-
> deur naturelle épouvanterait tant, qu'au
> lieu d'aller à eux, chacun les fuirait.
> —*Recueil de Maximes.* —

Edmond, en entrant dans la chambre
où les amis l'attendaient, écrasa son chapeau sous ses pieds ; il saisit une chaise,
l'éleva vers le plafond, et puis la rabat-
tant avec violence, la brisa en mille

pièces, tandis que sa bouche laissait échapper un jurement exécrable. Le trio présent se leva frappé de terreur et de surprise; tous les yeux se tournèrent vers lui, et son cousin, plus étonné que les autres, s'avançant d'un pas, lui demanda à qui il en avait.

—A qui j'en ai? répondit Edmond exaspéré; que t'importe, vil coquin, scélérat, que je broierais comme un verre, si tu en valais la peine. A qui j'en ai? à toi, à vous tous, à moi, à Satan, au Père-Éternel. Allons, messieurs, qui de vous osera me dire ce que je vous jette à la face, que vous êtes tous des drôles, et que je supplie l'un d'entre vous d'être assez charitable pour me menacer? car alors j'aurai un prétexte pour envoyer son âme au diable, et tuer quelqu'un, à l'heure qu'il est, me serait d'un véritable soulagement... Qu'on me donne à boire, j'ai soif.

Ces propos furent débités avec un ton si sombre, une expression si féroce, que le plus brave des auditeurs en frissonna.

Hippolyte, renommé par sa crânerie ; Robillet, pour qui faire le mal était vrai délice, en entendant parler leur chef, frissonnèrent de tous leurs membres ; ni l'un ni l'autre n'osèrent soutenir une de ces querelles, si communes dans les mœurs farouches *des amis;* ils se contentèrent de se regarder, et leurs yeux se rencontrant, se tinrent le même langage, pour dire qu'Edmond tombait dans un sinistre accès de folie. Aussi dès qu'il eut témoigné le désir ou le besoin de boire, tous se précipitèrent spontanément vers la table, et chacun saisissant un verre, et s'armant d'une bouteille, se mirent à le servir avec ce respect, cette promptitude dont on use à la cour envers les rois ; mais lui, restant dans son irritation monomane, repoussa tout ce qu'on lui offrait, recula, et se mit à dire :

— Mille f..... pour qui me prend-on ? Suis-je une hydre ? Ai-je trente bouches ? N'est-ce pas assez d'un gobelet ? et prétendez-vous, mes gars, vous jouer de moi?

Il dit, et courant vers la table, il s'empara de la bouteille qui restait pour lui en réserve, l'éleva à la hauteur de ses lèvres après l'avoir débouchée avec un calme de plus en plus effrayant, puis il se mit à la boire lentement et jusqu'à la dernière goutte. Lorsque la chose fût terminée, il se tourna vers le groupe stupéfait et d'un ton de douceur dont la dissonnance leur fit plus de mal que ceux plus rudes de la colère.

— Mais, ce vin-là est de l'eau, quel est le scélérat qui nous vend ce breuvage détestable.

— Du vin, s'aventura à dire Robillet, encouragé par le changement de décoration; eh cousin! où donc as-tu l'esprit et le goût, tu viens de vider la meilleure bouteille d'eau-de-vie de cognac qui ait été vendue au *bon coing* (coin).

—De l'eau-de-vie... cela... et Edmond tournant la bouteille en fit choir quelques gouttes qui restaient sur le revers de la main, en approcha sa langue puis les huma; cela fait il se laissa tomber sur une chaise en éclatant de rire, et les amis se regardèrent de nouveau.

— C'est donc vrai, dit enfin Edmond, en interrompant son accès d'hilarité bizarre, l'esprit de l'homme peut être tellement occupé qu'il se détache de son corps et enlève à celui-ci jusqu'au sentiment de son existence... Damnation, comme cet alcool travaille là-dedans Cousin, donne-moi une caraffe d'eau, il faut que le combat intérieur s'y établisse afin d'y rétablir l'équilibre.

—Si tu allais te coucher, Edmond, osa dire encore Robillet, avec une expression de tendresse non moins discordante, que le calme de son cousin venu à la suite d'une telle tempête, tu ne te portes pas bien, ce que tu viens d'avaler pourra peut être....

— Egarer ma raison, m'énivrer, me faire oublier l'existence, ce monde, ce qui

s'y passe; ah! cousin, cousin, je serais trop
heureux si cela pouvait m'arriver. Oh!
quel bonheur que de perdre la mémoire
du passé, que de ne plus se souvenir que
du présent... Non! non! tant de félicité ne
m'arrivera pas, je l'aurai toujours ce tableau de ma vie abandonnée... oh! damnation.... Eh bien! mes amis, y a t-il parmi
vous autres quelqu'un d'assez solide pour
me tuer sur la place dans la querelle
d'Allemand, que je le conjure de me chercher.. Allons Robillet... tu te tais, et toi,
Hippolyte, je ne t'ai jamais vu lâcher le
pied... Viens-tu Balthazard? il me prend
fantaisie de te cracher à la figure.

— De par l'enfer, s'écria Robillet, ceci
passe les choses admises, est-tu possédé de
Lucifer, Edmond, quelque chien enragé t'a
t-il mordu? et quant bien même tu devrais
nous manger tous ensemble, si nos questions ajoutent à ton extravagance, je te
demanderai au nom des amis ce qui t'est
arrivé, ce qui a pu te mettre dans cet état
inconcevable.

— Je ne suis donc pas dans mon état naturel, il est donc certain que mon cerveau est dérangé; à la bonne heure, dit Edmond, cela me console, ce qui vient de se passer est donc un songe; ah! que je suis heureux que cela soit ainsi.

— Capitaine, dit alors Balthazard du ton le plus humble, quel mauvais sort a t-on jeté sur toi.

— C'est vrai camarade, c'est un sort diabolique, j'ai un démon attaché à mes trousses, un serpent suspendu à mon cœur, qui le déchire, qui s'en nourrit. Ah! je ne croyais pas que les morts, une fois couchés dans la tombe, pussent poursuivre leur vengeance. Eh bien! maintenant, j'ai la preuve du contraire, les hommes tués ne meurent pas complètement, quelque chose d'eux survit et ne quitte plus le meurtrier : je viens d'en acquérir la preuve.

A cette assertion sinistre et même infernale, ces trois misérables, couverts de crimes qui, jusqu'à ce moment, avaient nié la divinité, sentirent une commotion soudaine les saisir ; un frisson vint les glacer, leur cœur palpita à pulsations rapides et violentes, et tous atteints d'une terreur superstitieuse, se rapprochant d'Edmond comme s'il eût été un refuge contre les apparitions de l'autre monde, lui demandèrent simultanément quel fantôme lui était apparu ?

—Je me suis mal expliqué, camarades, répartit-il ; je n'ai pas vu ni le diable, ni un damné, ni une âme du purgatoire, ni un saint ; mais j'affirme qu'un de ceux-ci s'est procuré un vengeur, et me l'a suscité pour me punir... Oui, c'est cela, qu'en arrivera-t-il ?

En se faisant cette question, Edmond s'assit, posa ses mains devant ses yeux, et demeura ainsi à réfléchir ; ses compagnons, de plus en plus stupéfaits, gardèrent à l'entour un silence respectueux. Mais voyant que lui ne le rompait pas, que même il ne s'inquiétait point pourquoi Robillet, qui avait quitté Paris pour n'y rentrer que le vendredi matin, y était revenu de l'avant-veille (retour déterminé par un cas fortuit). Tous, d'une commune voix, et dans le but de l'arracher à ses sombres pensées, lui demandèrent si c'était toujours dans la nuit du vendredi au samedi qu'aurait lieu l'expédition contre la caisse du banquier Dutilloy... Edmond, préoccupé, ne répondit pas ; alors Hippolyte, sans se douter de la corde qu'il allait faire vibrer, se mit à dire :

— Mais nous ne sommes pas au complet, il nous manque *un ami*, Clovis.

— Clovis, qui le nomme..., qui m'en frappe... Clovis, croit-on que je l'oublie... n'est-il pas là... oui, là... comment ce misérable échappe à vos yeux... le voilà, il rit... ah ! bon... il me menace... malédiction... Eh bien, Clovis, que me veux-tu...ce sang crie, je le sais... sa fumée, rabattue vers moi par le vent de la divine colère me désigne... cela n'est pas.... mensonge ou prodige... oh ! oui... oui, je suis innocent... tu secoues la tête... tu

doutes... ah! tu doutes, je ne pourrai
donc pas te tromper... Eh bien! puisqu'il
faut que l'un de nous deux meure, de
par Satan, ce sera toi.

En prononçant ces paroles incohéren-
tes en apparence, Edmond s'était levé, et
en achevant, avait saisi, dans la poche secrète de son habit, le poignard y demeurant à domicile; puis, s'élançant vers
la muraille, il y porta un tel coup
de poignard, que l'excellente lame
d'acier, poussée d'ailleurs par un bras
d'une vigueur sans pareille, entra de
trois pouces dans la boiserie et s'y im-
planta si solidement que le plus fort de la
société, et tous les uns après les autres,
tentèrent vainement de l'en arracher.

Cependant, les paroles débitées si singulièrement par Edmond et l'acte extraordinaire qui en avait été la suite, ajoutant doublement à la surprise générale,
inspirèrent à tous la pensée que Clovis
avait trahi les amis.

— Est-ce vrai, le drôle nous a-t-il

mangé le morceau? dit Robillet, toujours demeuré son ennemi.

— En es-tu bien assuré, capitaine, dit au contraire Hippolyte, souteneur dévoué jusque-là de l'infortuné jeune homme, tombé si bas par l'effet de ses passions, qu'un tel brigand devenait son ami le plus fidèle; quant à moi, poursuivit celui-ci, pour le croire il faudra que je le voie.

— Quoi! tu en doutes? quand Edmond nous l'affirme, objecta Balthazard à ce dernier.

— Que diantre mâchonnez-vous, répondit le chef à son tour, ai-je dit que Clovis nous abandonnait... il est vrai que la fortune tend à l'éloigner de nous, que d'une autre part, une autre grande dame et de meilleur appétit que celle-là, le réclame aussi de son côté; mais avant qu'il nous quitte, l'honnête garçon tiendra sa promesse, il nous ouvrira vendredi la maison où l'on n'entrerait pas sans lui, et pour mieux en donner l'assurance, il viendra ce soir en conférer ici avec moi.

— Si l'enfant est probe, repartit Hippolyte, expliques-nous, Edmond, la cause de la colère que tu viens de manifester contre lui.

La foudre sembla être prête à partir des yeux étincelans d'Edmond aussitôt que ses oreilles eurent entendu cette question, mais ayant mordu ses lèvres presque à les rendre saignantes, il alla se rasseoir nonchalamment, et se tournant vers Hippolyte :

— Forte tête, dit-il, veux-tu, étant à jeun de toute la journée, pour première condition, boire comme moi une bouteille de la même liqueur et d'un pareil volume à celle que j'ai vidée si rondement, et puis nous te rendrons responsable de toutes les balivernes qui t'échapperont... sais-je ce que j'ai lâché tout à l'heure... un vertige... la gaîté... la folie... qui de nous peut se vanter de n'avoir jamais troqué sa raison contre un *coup de soleil* solidement appliqué.... Messieurs, poursuivit Edmond du ton le plus ardent, si j'ai attaqué directement ou indirectement la probité de l'ami Clovis dans une minute d'ivresse, je rétracte mes allégations; elles étaient fausses, elles seraient calomnieuses si je ne les abandonnais pas.

— J'aime à voir rendre solennellement hommage à la vertu offensée, dit Robillet en ricanant.

— Quant à moi, ajouta Balthazard, si pendant une minute j'ai cru à la culpabilité de l'ami Clovis, c'était uniquement par respect pour la parole du capitaine.

On s'attendait qu'Hippolyte lâcherait son mot comme les autres, il demeura muet, son silence étonna, car on savait combien l'absent lui était cher, aussi Robillet, d'après un signe imperceptible d'Edmond, se mit à dire :

— Eh bien, Hippolyte, le cousin ne te semble-t-il pas avoir rendu assez justice à l'innocence de Clovis.

— Ce n'est pas de cela que je m'occupe, répliqua l'interpellé, mais je songe que si jamais on coupe un petit doigt de la main gauche de mon jeune camarade, celui qui se sera passé cette fantaisie, peut être assuré qu'à mon tour je me passerai la mienne.

— Et ce sera... demanda négligemment Edmond.

— Oh! peu de chose, rien que l'habitude de manger du pain et boire même de l'eau-de-vie; d'ailleurs, je suis assuré que Balthazard ne m'abandonnera pas dans un tel passe-temps.

— Comme nous tous avons pour cet enfant la même amitié, dit Edmond, tu peux compter que tous nous prendrions également sa défense.

— Lâche et traître qui s'en dédira! et houra d'amitié pour ce gentil garçon qui, sous peu de jours, fera notre fortune, s'écria jovialement Hippolyte, et son cri trouva un triple écho. Un instant après, Edmond, parlant à son tour, demanda qui devait aller battre l'estrade ce soir-là.

— Balthazard et moi, dit Robillet.

— Oh! pour cette fois, reprit le précédent, tu ne peux, cousin, t'absenter à cette heure-ci. Clovis va venir, et comme c'est toi qui commandera l'attaque intérieure de la maison du banquier, il est nécessaire que les localités te soient bien indiquées par notre jeune ami. Reste-donc ici, Hippolyte va prendre ta place, et tu iras le relever dès que nous en aurons fini avec Clovis.

Hippolyte, involontairement, frémit à la vue du sourire diabolique qu'il venait de voir courir sur les lèvres d'Edmond pendant que celui-ci achevait de parler. Aussi, loin d'opposer la moindre résistance à un ordre qui le faisait marcher hors de son tour, il accepta avec gaîté sa mission, et il mit de l'empressement à sortir avec Balthazard.

XVI

Les amis dans le crime.

L'amitié par elle-même est si délicate,
que les plus méchans aiment à en goûter
les douceurs, et que par elle leur âme
vicieuse, s'épure souvent.
— *Recueil de Maximes.*

Les deux cousins demeurèrent seuls.
Edmond s'approcha de la table, choisit
le verre du volume le plus ample parmi
les présens, et quand il l'eut trouvé, il
l'emplit par deux fois d'eau et le vida

ainsi successivement. Cela fait, il s'en rerourna vers sa chaise, s'assit, puis se releva, s'en alla fermer avec plus de soin
un rideau qui ne l'était qu'à demi, ensuite
se mit à chanter une chanson plus qu'érotique, tandis que Robillet, occupé en
apparence à nettoyer une riche paire de
pistolets de poche de fabrique anglaise,
ne songeait, en réalité, qu'à suivre et à deviner le but des mouvemens d'Edmond.
Celui-ci, lassé de son manège, s'arrêta
subitement en face de son parent trèscher, croisa les bras, se tint immobile en
se redressant de toute la hauteur de sa
taille, et, dans cette posture et à la suite
de la pantomime si bien faite pour piquer
la curiosité de l'assistant, il dit à ce dernier :

— Eh bien ! que t'en semble ? crois-tu
que deux pintes d'eau puissent abattre
les vapeurs infernales de ce damné breuvage qui met notre bon sens à l'envers ?

— En vérité, Edmond, je ne sais que
te dire, lui fut-il répondu ; voilà que de

puis une heure que tu es au milieu de
nous, tu as fait assez d'actes d'une part
pour qu'à Londres on te signât un brevet
d'entrée à Bedlam, et assez de l'autre
qu'on te mit hors de Charenton, en France,
si par malheur tu y étais entré précédem-
ment... Tes actions variées m'ont fait ensemble plaisir et peine. Jamais toi et moi
nous n'avons eu plus de besoin de notre
raison qu'à cette heure où nous pouvons,
avec un oui et un coup de main, acquérir
et partager une belle somme. Je sors de
chez Salomon Ben Ephraïm : sais-tu où il
m'a envoyé ?

— Comment le deviner ?

— Chez le père Levraut.

— Ah ! ah !

— Et celui-ci, conjecture où il a ren-
voyé la balle.

— Que sais-je ? mais explique-toi vite,
car, à mon tour, j'ai beaucoup à te dire.

— Rien qu'au sieur Loyset, au caissier du banquier Dutilloy. Celui-là s'est
cru ignoré de son serviteur Robillet ;

aussi, me parlant à cœur ouvert, il m'a
promis deux cents mille francs si, de concert avec un camarade, je délivrais son
patron d'un personnage qui l'obsède et le
porte à se donner au diable. Notre colloque
avec ce vieux pêcheur t'aurait amusé.
Le misérable ne voulait ni prononcer
le mot de mort, ni négliger de m'apprendre que l'individu ne devait reparaître jamais. Selon lui, il s'agissait uniquement de l'empêcher de se rencontrer
aujourd'hui, demain, dans une semaine,
un mois, un an, un siècle. — Et le moyen,
disais-je. Cela ne me regarde pas. — Je
l'ai pelotté ; mais enfin, ennuyé de jouer
à l'enfant, j'ai tranché la difficulté, j'ai
promis qu'en effet le Monsieur ne serait
plus importun. Etant convenus de nos
faits, j'ai eu prestement choisi le camarade ; c'est toi, et celui qu'on nous paie
à si bon prix... c'est... En vérité, Satan
nous aime... c'est ton intime, sir Belton.

A ce nom, Edmond poussa un cri ; il
n'avait pu encore faire part à son cousin

et dans toute son étendue de la résolution
sinistre envers cet honnête homme, puisque Robillet était parti inopinément; mais
la veille du départ de celui-ci, en lui racontant les incidens de leur première
rencontre avec Belton-Delotry, Edmond,
en avait assez conté à son cousin pour que
ce dernier crût lui faire plaisir en lui ap-
prenant qu'un tiers prétendait leur acheter une vie contre laquelle Edmond, au
moins, était prêt à s'armer pour rien.
Aussi, dès que ce nom eût été prononcé
entre les deux coupables parens, Edmond,
en claquant des mains par signe d'allé-
gresse, se mit à dire :

— Allons! je vois qu'il ne faut pas
toujours se plaindre de la destinée,
je ne suis pas fâché qu'autrui se charge
de débarrasser de ma route un homme
que je ne pouvais plus y rencontrer sans
péril pour moi, un homme dont moi-
même je venais de m'acheter la vie, et
cela est si vrai, cousin, qu'en conscience
et en pleine loyauté, au lieu de partager

avec toi les deux cents mille francs promis, je dois d'abord t'en laisser prendre la moitié et ensuite t'en accorder cinquante mille sur ma part.

— Tu es généreux, Edmond.

— Le seras-tu autant que je le suis?

— Qu'est-ce que cela signifie?

— N'es-tu pas de ceux qui trouvent du plaisir à voir couler le sang de qui on n'aime pas.

— Oh! oui, et j'aurais dit certainement ce qu'une reine m'a enlevée parce qu'elle est venue au monde avant moi : « *Que « le corps d'un ennemi mort sent toujours bon.* » Je suis en pleine ignorance de l'histoire ; mais ayant lu ce propos dans un livre que je volai sur le pont Saint-Michel, je m'en suis toujours souvenu avec plaisir et édification.

— Eh bien! de quel prix veux-tu me payer la vie d'un individu que tu détestes et que je ne veux plus laisser vivre, car la prolongation de son existence serait, assurément mon arrêt de mort.

— Écoute, répliqua vivemeut Robillet
en frissonnant de joie, tu viens de m'accorder les trois quarts de la somme qui
nous revient pour un autre cas ; eh bien !
prends-là tout entière, mais ne te dédis
point ; car il me sera trop doux de plon-
ger cette lame dans le sein de Clovis.

— Tu as donc deviné son nom, reprit
Edmond tandis que son cousin qui tantôt comme les autres avait essayé, sans
succès, de retirer le poignard enfoncé
dans la boiserie s'en rapprochait pour reprendre le même ouvrage, déjà il venait
de saisir la poignée et raidissait ses mus-
cles cherchant à ébranler la lame par un
élan vigoureux, lorsque celle-ci loin d'opposer aucune résistance cette fois, céda
d'une manière si inopinée que Robillet
qui pour doubler sa force jetait en arrière et hors de l'aplomb son corps, ne
put le retenir et perdant l'équilibre tomba rudement sur le plancher, où sa tête
porta si terriblement qu'elle se fendit et
que le sang en coula avec abondance.

Aux cris d'effroi d'Edmond et d'une rage mêlée de terreur de son parent la *marquise de Sévigné* accourut en la compagnie de ses nymphes, on releva le blessé, on le transporta sur un lit placé dans la même chambre et Edmond qui se mêlait quelque peu de chirurgie, ayant été frater aux beaux jours de son adolescence, au lieu de laisser aller quérir un homme de l'art se mit lui-même à panser le blessé.

Robillet dans le premier instant de sa chute et en conséquence de la violence du coup qu'il s'était donné, avait perdu l'usage de ses sens ; ce qui servit de prétexte à sa tante pour faire son oraison funèbre que certes elle croyait débiter tout à l'éloge du prétendu défunt.

— Le voilà donc *ad patres* mon doux neveu, c'est encore un bonheur, car cela lui évite les galères ou la potence, quel brave garçon la famille perd, un homme propre à tout travail, aussi leste à faire le mouchoir qu'à filer une carte, capable

de tuer avec la même indifférence une
mouche et un chrétien ; je suis sa tante
je dois le connaître : il aurait fait le bonheur de ses parens s'il n'eut réduit sa
mère à l'hôpital en lui mangeant tout son
avoir et si d'un pot qu'il lui jeta à la tête
il n'eut déterminé dans son père la para-
lysie qui l'a conduit aux incurables. Un
enfant sociable, humain, généreux envers ses amis quand il a pu en conserver,
ce qui lui était impossible, puisque jaloux de tous, envieux comme un chien
galeux, il y avait nécessité à lui de s'isoler
et de vivre seul à seul avec son visage ;
oh ! mon Dieu ! que je le regrette bien,
qu'il ne me fera plus peur, qu'il ne me
battra plus, qu'il ne renverra pas les cha-
lands de mes demoiselles ; rangé, sage
toutes les fois qu'il *n'était pas bu* et *être bu*
lui arrivait pendant neuf jours des sept
de la semaine ; cette perte sera irrépara-
ble... je sais bien qu'aucun ne le regret-
tera à cause de son infernal caractère...
n'importe, c'est mon neveu et je ne dois

et ne puis dire de lui que du bien.

Pendant la durée de ce panégyrique de forme nouvelle, et sur lequel les assistans enchérissaient, Edmond seul donnait des soins attentifs à son cousin, et seul semblait s'attacher à le faire revenir sérieusement à la vie, se confiant en son adresse et dans la légèreté de sa main ; il savait saigner au moyen d'une lancette, reste de sa trousse antique, et conservée par sa mère en forme de souvenir ; il avait coupé les cheveux autour de la fente du crâne, lavé la plaie, étanché le sang, posé des compresses imprégnées de sel vulnéraire ; en un mot, il n'avait rien épargné de ce qui lui conserverait un parent dont la coopération lui devenait plus que jamais nécessaire.

Ce n'est pas qu'en se livrant à ce travail il eût gardé un silence profond de réserve, ou de douleur ; se voyant obligé d'agir seul, peut-être, quand un si bon aide lui eût été d'un si grand prix, il s'abandonna à toute sa colère, et de ses lèvres partirent à la défilée les séries les plus complètes de blasphêmes, d'imprécations, que sa mémoire lui pût fournir. Dix fois il imposa silence très-cavalièrement à madame sa mère, et quand il put la renvoyer avec le reste du troupeau, il ne balança pas à la mettre, elle et les autres, à la porte, et ce coup d'éclat consommé, il se rapprocha de Robillet qui commençait à reprendre connaissance. La vitesse de son pouls s'améliorait, et déjà, parmi les soupirs échappés de sa bouche, on démêlait des phrases de rage et de débauche, de vengeance et de haine. Edmond se retournait afin de sourire sans être aperçu, manifestant sa joie à la certitude que son cousin reviendrait à la vie et le seconderait prochainement dans ses complots.

Pendant que ces choses se passaient dans la maison mal famée de la rue Beaurepaire, Hippolyte, comme il en sortait avec son camarade, au lieu de marcher auprès de celui-ci vers le quartier Saint-

Denis, arrêtant son compagnon, et s'approchant de son oreille :

— Balthazard, dit-il, es-tu mon second à la vie et à la mort, ainsi que le veut l'engagement que nous avons pris ensemble en présence du diable, qui ne manque pas de punir les trompeurs.

— Pourquoi doutes-tu de ma sincérité? En quoi t'est-elle suspecte? Que me veux-tu?....

— Je veux que tous les deux nous sauvions Clovis, que nos camarades de là-haut se préparent à *escofier* de la belle manière.

—Tu crois?...

— Je suis certain que si Clovis n'y prend garde, que si nous ne veillons sur lui, il ne vivra pas huit jours encore ; et certes ce sera beaucoup si, à la suite du conseil qui va être tenu là-haut en notre absence, on remet l'affaire après la réussite de celle de l'hôtel du banquier.

—Tu rêves, que peut-on vouloir réellement à ce gentil garçon? Que Robillet

le haïsse, rien de plus simple ; car qui
aime-t-il cet oiseau détestable à tous ceux
qui l'environnent ? Il nous rend ce qu'on
lui accorde avec tant de facilité ! Et Clovis, jeune, joli homme, doux, spirituel,
lui est trop dissemblable pour qu'il ne
l'ait en double exécration. Mais pourquoi
le chef se chargerait-t-il inutilement de
ce meurtre ? Il a du bon vouloir envers
Clovis ; il a toujours pris sa défense ; et
l'autre soir encore, ne l'a-t-il pas retiré
des griffes de son puant cousin ? Dès lors...

— Oui, reprit Hippolyte, l'autre soir il
pensait bleu ; aujourd'hui, c'est rouge
qu'il pense ; il s'est élevé dans lui depuis
hier, et au préjudice *du jeune Clovis*, un
grief que j'ignore, mais d'une telle importance que, je te le répète, Clovis mourra
si nous ne veillons sur lui.

— C'est un bon enfant.

— C'est mieux encore ! il y a dans lui,
vois-tu, plus de qualités que dans tous
nous autres ensemble. J'ai du plaisir rien
qu'à le regarder, quand il folâtre autour

de nous avec la grâce vive de son bel âge;
je ne sais quoi de doux, de satisfait, de
calme descend dans moi; je rêve alors
moins à mal faire. Ce serait, Balthazard,
une chose bien extraordinaire qu'il y eût
un rapport impérieux et positif entre la
beauté du corps et la vertu de l'âme.

— Tu fais le philosophe, mon vieux,
toi encore si jeune, laisse-là tes rêveries,
et puisqu'il te plaît qu'il ne tombe pas un
cheveu de la tête du prince, je te promets
de veiller sur lui...Le voilà qui accourt au
rendez-vous.

— Qu'il est gracieux, qu'il est leste, il
me semble voir un de ces feux follets de
nuit qui dansent ou qui tremblottent sur
les tombes nouvellement ouvertes des ci-
metières; de même que j'en ai vus si
souvent dans celui de mon village.

La comparaison mélancolique appli-
quée par Hippolyte à l'élégance et à la légèreté de son jeune ami, fit presque fris-
sonner l'épais Balthazard. En effet, Clovis, malgré l'émotion que venaient d'é-

lever en lui ses rapports derniers avec Edmond, et qui naturellement aurait dû l'attrister, ne cédant pas moins aussi à l'impulsion que faisaient naître en lui les espérances, la certitude, l'approche de son avenir brillant, riait, comme on dit, aux anges, et s'élançait le long de la rue, moins en homme méditatif qu'en oiseau svelte et irréfléchi.

— Est-ce toi, bon Hippolyte, dit-il, et toi, fier Balthazard, que j'aime de tout mon cœur? car vous me le rendez de toute votre force. Mes camarades, le jour est proche où je pourrai reconnaître votre attachement et les services que vous m'avez rendus.

En parlant ainsi, en commettant une sorte d'imprudence, le jeune homme suivait deux impulsions : la première, ressortait de sa générosité naturelle qui l'amènerait à récompenser ces premiers protecteurs ; la seconde provenait de la terreur que lui inspirait la connaissance du caractère d'Edmond, et par suite du besoin qu'il avait de se préserver de lui.

— Oui, camarade, l'un et l'autre et tous deux en bonnes dispositions de t'éviter quelque mauvais coup.

— Grand merci! très chers; et cela croyez-le bien, à charge de revanche.

— Clovis, se mit à dire Hippolyte à son tour, qu'as-tu donc fait au chef, hier il ne jurait que par toi, et tout à l'heure nous venons de l'entendre furieusement pester après toi.

— Est-ce ma faute, répondit le jeune homme en riant, et peu disposé à faire confidence de sa situation actuelle à des individus dont il comptait bientôt se séparer sans retour, est-ce ma faute si une petite fille me préfère à lui, si ce coq superbe ne l'emporte pas sur moi; car je ne me vois pas d'autre crime.

— Oh! reprit Hippolyte en hochant la tête, il doit y avoir entre vous deux autre chose que des querelles d'amour. Edmond n'est pas assez Espagnol pour enfoncer de trois pouces dans une boiserie de chêne le poignard qu'il destinait à insinuer entre tes côtes... Clovis, Clovis, écoute-moi bien, Edmond t'en veut, et beaucoup, tu sais combien Robillet te déteste et tu vas te jeter dans la gueule du loup.

— Il faut que j'y aille, répliqua l'interpellé avec calme, j'ai besoin de parler au chef... à Edmond, une fois, qui peut-être sera la dernière... cependant je ne présume pas ...

— Présume tout, prépare-toi aux hôtes les plus étranges, tu vas entrer la tête haute et le corps droit chez la marquise, et si tu négliges nos avis, tu pourrais bien en sortir les pieds en avant.

— Non, pas maintenant, c'est impossible, mes jours leur sont sacrés jusques à samedi matin, on a besoin de moi pour une certaine expédition...

— Et qui sera belle il est vrai...

— Quant au lendemain venu, je ne dis pas, mais d'ici là... Edmond m'attend, je vais le rejoindre.

— Sans armes !

— Oh ! voici de petits accolytes.... et Clovis retira et renferma dans les poches de son pantalon une paire de riches pistolets anglais-miniatures, véritables chefs-d'œuvre de l'art et tirant double coup, puis il montra successivement un stylet de Venise et un poignard de Ségovie, la vue de cette manière d'Arsenal rassura les deux protecteurs de Clovis, sans cependant completter leur sécurité.

— Enfant, dit Balthazard, prends-garde à toi, ceux contre qui tu joues ont gagné tant de parties qu'une de plus ne les inquiète pas ! Cependant, puisque tu tiens à remplir ta parole, vas-y, le diable, et mieux encore, protège les hommes courageux ; ne sois pas seulement occupé de répondre aux paroles dont on voudra t'embrouiller, aies bon pied, bon œil, regarde souvent derrière toi et par côté, ne te laisses ni contourner ni surprendre ; au surplus, Hippolyte et moi resterons ici, l'un ou l'autre montera et descendra l'escalier de temps

en temps, au moindre bruit, au plus lé-
ger cri, à ton appel formulé, en bons amis
sois assuré que nous arriverons ensemble
et que si le chef se conduit en traître, lui-
même se sera dégagé, et nous ne crain-
drons pas d'agir contre lui.

Les trois camarades se donnèrent réciproquement une poignée de main, et
Clovis, rempli d'intrépidité, pénétra dans
la maison infâme.

XVII

Fin contre fin.

> Il est bon que l'honnête homme en-
> lace quelquefois les fripons dans leurs
> propres pièges.
> — *Recueil de Maximes.* —

Meurtri dans tout son corps, blessé grièvement au bras gauche et à la tête, de ce même côté, Robillet demeurant allongé sur le lit, penché vers la droite et suivant de l'œil la promenade active de son parent, écoutait avec une attention extrême ce qu'il lui disait.

— Oui, ces deux personnages doivent disparaître, ma sûreté le demande et, te l'avouerai-je, ma haine encore plus; mais attendrai-je dans l'intérêt commun, dans le tien et le mien, au moins le dépouillement d'une caisse remplie d'environ treize ou quatorze millions, ou me contenterai-je avec toi, des deux millions cinq cent mille francs, tant en or qu'en effets de commerce, qu'en billets de banque de France et d'Angleterre, qu'en bijoux, diamans, argenterie, etc. qui me sont provenus de mon expédition accomplie dans les montagnes de la Grèce?

— Pourquoi attendre? crains ce polisson; il te soupçonne, me dis-tu, d'avoir tué son père; préviens d'ailleurs la grisette, la femme de chambre qui l'aime, n'a-t-elle pas reçu ton billet, eh bien! demande-lui un rendez-vous, achète-le au prix d'une somme considérable; quand même tu aurais à donner des diamans à pleines mains ; ne pourras-tu pas les reprendre avec le reste.

— Oui, mais faire rafle d'un seul coup de quatorze millions environ ! N'est-il pas vrai que Salomon Ben Ephraïm t'a certifié qu'on y trouverait d'une part, le dépôt de onze millions, et trois autres environ de surabondance ; ne les regretterions-nous pas, si par trop de précipitation, la mort prématurée du drôle nous fermait la porte du logis.

— Il est vrai, reprit Robillet, dont les yeux s'allumèrent d'une flamme ardente et dont toute la physionomie peignit l'extrême avidité, que quatorze millions manqués par notre faute nous livreraient à des regrets éternels... que faire ?

— Agir selon la circonstance ; si Clovis est de bonne foi, si je vois que je n'ai rien à craindre, je reculerai le coup de couteau à lui porter, non au dimanche qui vient, non au samedi même, mais à la nuit du vendredi, quand nous emporterons le magot, à la sortie de l'hôtel du banquier et en forme de remercîment de notre reconnaissance.

Et les perfides de rire... on heurta maçonniquement à la porte... tous les deux tressaillirent, ils avaient néanmoins parlé à voix basse, mais si on les avait entendu, si par hasard c'était la victime... Robillet de sa main droite, qui n'était pas blessée, arma précipitamment un pistolet, presque d'arçon vu la longueur, puis il le cacha dans les plis de sa couverture, tandis qu'Edmond ouvrait un couteau qu'il posa sous son mouchoir, sur la cheminée ; ces divers apprêts terminés, il alla ouvrir... Leur double pressentiment ne les avait pas trompé, Clovis parut.

A son aspect, le couple haineux frissonna ; lui, plus tranquille s'avança, il venait d'apprendre, d'une des commensales de la maison, l'accident survenu à Robillet, et en entrant il en toucha deux mots comme pour qu'on ne prit pas sujet d'irritation de son indifférence, ensuite, et sans trop laisser au blessé le temps de lui répondre, il demanda un entretien secret avec Edmond.

Celui-ci déclina l'entrevue en tête-à-tête, son ami, son parent connaissait tout ce qu'il fesait.

— Mais moi, répondit Clovis, dois-je avoir en lui la même confiance, et ceci de votre part, Edmond, n'est-ce pas une félonie.

— Vous parlez comme si déjà vous étiez assis sur le trône, répliqua le bandit.

— Et vous, comme ceux qui ne doivent jamais y monter... mais ne nous aigrissons pas, je suis venu déterminé à vous ôter tout sujet de querelle; je veux en finir loyalement avec vous.

— Alors qu'en adviendra-t-il ?

— Que je vous tiendrai toute ma parole.

L'intention donnée à ce propos troubla les deux coupables, Edmond seul parlant dit alors :

— Qu'entendez-vous par tenir toute votre parole ?

— Que je vous ouvrirai la maison du banquier.....

— Bon.

— Et que je vous contraindrai à me donner satisfaction du sang qui souille une relique bien sacrée.

Les joues d'Edmond se teignirent d'une nuance verdâtre ; il fit deux pas vers la cheminée, l'atteignit, et sa main se posa sur son mouchoir. En même temps celle de Robillet saisit vigoureusement l'arme meurtrière mise à sa portée. Néanmoins l'action tragique s'arrêta, et Edmond poursuivant le dialogue :

— Une chûte de cinq à six cents pieds de hauteur peut expliquer sans mystère des traces sanglantes.

— Et cette chûte n'a pas brisé la glace du médaillon ?

— Ah !

— N'est-ce point, Edmond, que le plus

habile fait des fautes, et qu'on ne songe pas à tout?

La physionomie de l'interpellé ne devint que plus féroce.

— Samedi, dimanche, j'aurai, vous ai-je promis, les moyens de vous prouver que je suis innocent.

— Je désire que vous puissiez détruire mes pensées fatales, car, Edmond, vous le savez, il n'y a rien que le monde ne permette au fils armé pour venger la mort de son père......

Ici Clovis surprit un encouragement que Robillet adressait à son cousin par un geste qui semblait lui dire : frappes-le, si tu le manques de ton poignard, j'espère que mon pistolet ne faillira pas, et le même regard de l'adolescent lui fit voir que déjà Edmond repoussait le mouchoir afin de prendre subitement par la poignée l'arme blanche cachée au-dessous. Lui, tout aussitôt posa les mains sur les crosses de ses petits jumeaux ; mais, en même temps, et afin d'éloigner la catastrophe, il tenta d'éblouir ses ennemis en prenant leur langage, en montrant leur même avidité. Alors il continua de parler, car ce que je viens de décrire avec tant de lenteur s'était passé instantanément.

—Mais, Edmond, à part ce soin majeur, il y en a un autre qui aujourd'hui ne me tourmente pas moins, et sur lequel il est bon de s'entendre entre nous avec pleine franchise.

La curiosité arrêta tout à coup le désir de tuer dans les deux coupables. Que voulait Clovis? cette question lui fut adressée par la bouche du chef et par le regard interrogateur du blessé; lui, commandant à sa vengeance, à son émotion, et parlant avec cet intérêt que ceux-là mettent à toute conversation financière, il dit :

—Savez-vous, mon ami, que dans l'accord que vous m'avez proposé tantôt, vous ne faites pas un marché de dupe? En échange de mon nom, de mon rang, que vous ne pouvez me disputer sérieusement qu'en apparence, puisqu'au premier mot que je dirais vous seriez hors la discussion ; en retour en outre de quelques valeurs, de bijoux, de pierreries, etc., qui également vous échapperont si j'ouvre la bouche, vous prenez, en forme de dédommagement, les sommes énormes que renferme la caisse du banquier, et vous vous êtes figuré que je ne voudrais pas être admis au partage ; car si je participe à la faute, je ne vois pas pourquoi je me reculerais du profit.

— Ainsi quand sur un théâtre, a dit avant moi l'Arioste, succède tout à coup à une décoration sombre, triste, désagréable, représentant un cachot ou une forêt épaisse ; une brillante perspective où l'or, l'argent, le clinquant, les couleurs radieuses, l'illumination de mille bougies font apparaître à l'œil enchanté un spectacle ravissant, de même, à mesure que la plaie honteuse de l'époque, la marque du loup cervier, se laissait apercevoir dans l'âme gangrenée des auditeurs, le visage de l'un et de l'autre ne fut plus monté au

ton de la haine et du meurtre. Edmond,
laissa retomber son bras et se recula de la
cheminée, et Robillet, se laissant presque
choir du demi-séant où il se maintenait
en tortillé dans les plis du drap, lâcha le
pistolet qui était plus qu'à demi-dégagé;
puis les deux cousins, en se regardant,
firent errer sur leurs lèvres un sourire de malice, de mépris et de satisfaction.

— A la bonne heure, s'écria le blessé,
c'est là parler, je te le disais bien tout à
l'heure, cousin, que l'ami, parce que la
fortune le porte à son pinacle, ne pourrait aussi vite se détacher de nous. Voilà
un homme, un franc camarade qui saura
jeter un voile sur le passé. Clovis, con-
viens-en, penses-tu que l'on puisse le
matin travailler de bonne intelligence
avec un luron déterminé, et puis le soir
l'aller chicaner pour un coup de malheur?
non, sans doute, les choses ne seront pas
ainsi, et puisque l'or est le but où tout le
monde aspire, avec de l'or nous ferons

taire la voix du sang et l'imbécile cri de la nature.

— Je ne saurais assez te dire combien je suis heureux du parti simple et loyal que tu prends, dit à son tour Edmond à Clovis. Edmond d'autant plus aveuglé facilement que la pensée exprimée par le jeune homme aurait été la sienne si leur situation respective eût été changée. il m'en coûtait de te déclarer la guerre, vivons en paix, et ne faisons de nos disputes qu'une question d'argent.

Ici il baissa la voix, se rapprocha du lit où siégeait son cousin, fit signe à l'adolescent de faire comme lui, et dès que Clovis se trouva séparé seulement de quelques pouces de la tête de Robillet, il poursuivit, usant de réserve :

— Il y a long-temps que je songe à faire notre part à nous trois meilleure que celle des deux imbéciles qui sont maintenant à trimer dans la rue, en passe d'être ramassés par la police ou de recevoir de forts horions de quelques officiers à la demi-solde que leur stupidité prendra pour des bizets récalcitrans. Tu as raison, Clovis, tu faisais un marché de dupe. Eh bien! en dehors de la masse commune, un huitième du total te conviendrait-il ?

L'adroit jeune homme, au lieu de hâter sa réponse garda le silence , ses doigts et ses lèvres parurent calculer, puis reprenant :

— N'est-ce pas la moitié que le code accorde à celui qui trouve un trésor, fut-ce même dans le bien d'autrui, il me semble que dans notre affaire mon concours est d'une telle nécessité....

— Le drôle nous en apprendra, dit en riant et d'un accent de bonhomie Edmond, en s'adressant à son cousin, il nous tient le pied sur la gorge, exécutons-nous de bonne grâce, allons, ami, on te mettra de côté trois millions, et tu prendras en outre double part du reste... Monseigneur dit encore le chef, en affectant un respect comique, votre altesse sérénissime nous montre par l'immensité de sa soif de l'or

combien elle est réellement de race prin-
cière, et tes sujets n'ont qu'à se bien tenir, car tu sauras les pressurer de la belle
manière.

— Oh! dit Clovis, en secouant la tête, ma
principauté sera-t-elle réelle? n'est-ce pas
une illusion? Ne profanerais-je pas un trône
quelque étroit et peu élevé qu'il puisse
être? Je ne sais, mais quelque chose me
dit que je ne règnerai jamais.

— Funeste idée, mon bon Clovis, répliqua Emond en l'embrassant, pourquoi
ne serais-tu pas souverain? est-ce parce
que tu as été griveleur, escroc, et pire?
est-ce parce que tu prendras ta part d'un
vol; vas, mon garçon, nous sommes dans
un temps où, si pour régner il fallait être
pur de toute manière; il y a certaines
majestés qui tomberaient à plat sur leur
nez.... Si tu es habile dévaliseur, tu n'en
seras que meilleur prince.

— Je ne te savais pas républicain, Edmond, répliqua l'adolescent, mes idées
ne sont point pareilles aux tiennes: les

miennes disent que celui dont la vie est souillée ne peut se présenter aux respects des nations.

— Que feras-tu, toi, pourtant, toi, que le hasard a fait naître d'un prince?

— Je te le répète, Dieu me retiendra où je suis.

Les deux cousins se jetèrent réciproquement un regard qui semblait dire :

— Est-ce que la mort révélerait son approche à ce jeune homme.

Leur bouche se tut, et grâce à la profonde adresse de Clovis, il parvint à éblouir ceux qui, à son arrivée, étaient presque déterminés à ne pas le laisser sortir en vie de la maison, d'où il se retira triomphant, après avoir raconté à Balthazard et à Hippolyte ce que je viens de mettre sous les yeux du lecteur.

XVIII

Ces Apprêts.

La Providence n'abandonne pas
toujours les hommes de bien à la
scélératesse des méchans.
— *Recueil de Maximes.* —

Dès le moment où le groom Honoré
eut révélé au banquier Dutilloy le complot
dirigé contre sa caisse, l'homme de finance déploya une activité extraordinaire:
il pressa de toutes parts des rentrées de

fonds, l'on vit, ostensiblement à diverses reprises, plusieurs charrettes chargées de sacs d'écus entrer dans l'hôtel où Loysét les encaissait publiquement; Dutilloy, à plusieurs fois, appela en secret le domestique de son fils, lui conta les mesures qu'il prenait pour surprendre les voleurs sur le fait, et tout à coup, comme s'il eût été illuminé par une pensée soudaine.

— Mais mon enfant, dit-il, ces misérables! si tous ne sont pas arrêtés, se vengeront sur toi, sais-tu ce qu'il faut faire? ta belle conduite t'accorde mon amitié, ma confiance, je te retire du service d'Amanieu, et je te nomme l'un des commis voyageurs à mon service; or, au moment même où les brigands seront entrés, toi, sans plus rien avoir à faire avec eux, tu t'évaderas, une chaise de poste t'attendra à mes bureaux de la rue du Rocher, tu y monteras et, muni de mes instructions, d'un bon passeport que je vais te faire prendre et de lettres de crédit, tu iras d'un temps de course à Saint-Pétersbourg, l à cette canaille n'ira pas te chercher, et tu y demeureras riche de mes bienfaits, jusqu'à ce que tu puisses revenir sans péril ; bien entendu que ton passeport te donnera un autre nom que le tien, afin que ces coquins ne retrouvent plus ta trace.

Honoré touché de ce que lui disait le banquier, et d'ailleurs craignant plus pour Clovis que pour lui, accepta cette proposition dans la pensée que son ami partirait avec lui : il courut donc vers ce dernier, et lui raconta ce que Dutilloy lui destinait.

— Cette idée est parfaite, dit à son tour Clovis, oui, tu ne pourrais rester ici sans péril, ailleurs le danger ne serait pas moindre. Je vais aller instruire mon protecteur de ce qu'il est bon qu'il sache, j'espère que son amitié me conseillera, compte sur moi, je ne te ferai pas faute.

Clovis, sur-le-champ, courut chez Belton-Delotry, il n'eut pas de peine à en obtenir une somme qui pour tout autre aurait paru immense, et dont il déclara

l'emploi en disant qu'il la destinait à récompenser les services d'Honoré.

Le jeune homme, pendant qu'il causait
avec son tuteur, fut étonné de voir entrer Loyset qui, par des mots ambigus,
se fit, sans doute, entendre du baronnet;
car celui-ci, tandis qu'il poussait des soupirs profonds, remit au caissier de Dutilloy une traite, sur Londres, de cinq cents
mille francs avec laquelle il ressortit. A
peine se fut-il éloigné que Belton, s'a-
dressant à son pupille, déclama devant
lui contre l'horrible avidité des hommes,
et lui déclara qu'aussitôt que le jeune
prince de Morgteinsten aurait été reconnu
solennellement lui, renonçant au monde,
se retirerait dans son pays natal pour y
vivre inconnu, sans aucune tentation de
jouir de sa fortune prodigieuse dont la
meilleure partie reviendrait à Clovis, ce
fut du moins ce qu'il lui fit entendre; le
jeune homme alors lui saisissant la main
et la baisant malgré ses efforts pour la retirer.

— Ah! monsieur, dit-il, ne suis-je pas déjà assez comblé des bienfaits de la Providence! permettez-moi de m'opposer à votre générosité, n'avez-vous pas d'autres parens et faut-il que je sois favorisé à leur préjudice; d'ailleurs, savez-vous si moi-même je me juge digne... attendez, ne hâtez rien et nous verrons plus tard.

— Mes parens, répondit Belton-Delotry, sont tellement loin des conditions nécessaires à la jouissance de la masse de richesse que j'apporte, qu'ils n'en seraient investis que pour leur malheur... il est vrai que j'en ai d'autres, ceux-là sont mieux instruits de la valeur de l'or; mais sont-ils dignes que j'augmente leur bien-être? non, certes, je ne le ferai pas et une punition, au contraire, tardera peu à les frapper justement.

Des visiteurs suspendirent ici la conversation du tuteur et du pupille, celui-ci quitta le premier et s'en alla méditer au nouveau projet qu'il roulait dans son esprit.

Cependant, la soirée du vendredi arriva, dès que le soleil se fut couché, Honoré, à l'aide d'un nouveau prétexte, pénétra dans l'appartement du banquier et lui demanda si toutes les mesures étaient bien prises et s'il avait la certitude que les voleurs ne lui échapperaient pas;

Dutilloy l'entendit avec impatience, l'assura que rien ne manquerait à la confusion des bandits pourvu que lui, Honoré, sortit aussi vite de Paris que les autres seraient arrêtés; là, encore, on convint de ce qu'il y avait à faire et Honoré ne douta plus que son patron ne défendit vaillamment son trésor.

De son côté, Clovis, à la même heure à peu près, se rendit à la maison de la rue Beaurepaire, quartier-général des amis; il fut reçu dans l'escalier par Hyppolite qui, en l'embrassant, selon sa coutume, en signe de franche amitié, lui annonça que Robillet ne pourrait les accompagner dans leur expédition aventureuse, sa chute ayant mis en jeu les mauvaises humeurs répandues dans son corps, et allumé plus encore son sang déjà trop impur, venait de déterminer une fièvre pernicieuse d'une part, tandis que de l'autre il semblait que la plaie envenimée tirât à se gangrener; il était donc impossible au malade de se lever et d'accompagner ses amis.

Jamais nouvelle ne fut plus agréable à Clovis que celle-là, assurément il se défiait d'Edmond, mais plus cent fois il redoutait le cousin de celui-ci; or, puisque Robillet ne viendrait pas, cette absence lui épargnerait une double surveillance. Clovis, quand il parut auprès du souffrant, déguisa sa joie et même se contraignit assez pour pouvoir exprimer aux deux parens la peine que lui coûtait un incident qui privait les amis d'un compagnon si brave et si adroit; on lui répondit, sans doute, avec une sincérité pareille et ce soin terminé on ne songea plus qu'au grand coup qu'on allait frapper.

A part Hippolyte, Balthazard, Clovis et Edmond, il y avait dans la chambre quatre autres individus, voleurs de profession, non en entier de la société des *Amis*, mais affiliés avec elle et prêtant leur concours à ses membres lorsque leur nombre n'était pas suffisant; ces nouveaux venus ne se regardaient en ce moment que comme des gens de peine payés à un prix fixe pour exécuter un travail momentané; ils ignoraient l'importance de la conquête à laquelle on marcherait, et dix mille francs, pour chacun, était le maximum de leur coopération et le prix de leur silence; tous quatre galériens évadés n'avaient que la mort à attendre de leur participation à un vol nocturne dans une maison habitée et avec effraction; si bien, qu'on ne pouvait redouter leur indiscrétion, car elle leur serait fatale à eux-mêmes, Edmond ayant tout prévu.

Lorsque minuit sonna, les brigands se levèrent spontanément; déjà chacun se disposait à sortir, lorsque Robillet, du lit où il était couché, proposa un toast à l'heureuse entreprise; Edmond sortit et puis rentra, portant un plateau d'étain garni de neuf verres remplis à moitié d'eau de vie, et lui-même en remit un à chaque convive; Clovis reçut le sien : comme Edmond venait de poser le plateau sur une chaise afin de trinquer plus vite avec les nouveaux venus, en oubliant de donner à Robillet celui qui lui revenait, Clovis s'apercevant de ceci, et profitant de la sorte de muraille épaisse que les gros corps de Balthazard et d'Hippolyte établissaient entre les yeux du malade et le plateau, retira lestement de dessus celui-ci le gobelet qu'il portait encore et y substitua le sien. La chose eut lieu si subitement que nul des assistans ne s'en occupa.

— Clovis, cria Robillet, viens, je t'en prie, trinquer avec moi. Je t'en ai voulu parce que je doutais que tu fusses bon enfant; mais, à cette heure où ta franchise éclate, rapatrions-nous et soyons bons amis. Edmond, tu as oublié de m'armer comme les autres : ce coup à boire me servira de remède souverain.

Edmond retira du plateau le verre qui s'y trouvait et le remit à son parent. Lui aussi, voulant s'unir de toast à Clovis et au malade :

— Demain, dit-il au premier, tu reconnaîtras si moi aussi je ne te paie pas bien ce qui t'est dû.

— Eh ! camarades, répliqua le jeune homme, en m'éloignant de la France, mon regret sera de vous y laisser.

A ces mots il porta le gobelet à ses lèvres et en avala tout le contenu. Les deux cousins suspendirent le même acte jusqu'à ce qu'il eût retiré de sa bouche son verre entièrement vide ; alors eux, s'entre-regardant avec une joie infernale, le complimentèrent de nouveau sur la certitude de son bonheur prochain, et burent en vrais amateurs le vieux cognac dont l'odeur annonçait le prix.

— Maintenant tout va bien, s'écria Robillet, partez, enfans, je vais dormir tranquille, étant assuré qu'à mon réveil je n'aurai plus rien à souhaiter. Au revoir, Clovis, songes à moi le plus que tu pourras.

— Et que ce soit à charge de revanche, répartit le jeune homme, en affectant un ton sentimental qui ne trompa aucun de ceux instruits de la réciprocité de haine que se vouaient ces deux *Amis*.

Il tardait à Clovis de sortir de ce lieu, et surtout de s'en éloigner. Tout lui prouvait que sa mort était cachée dans le verre où Robillet avait bu, et il lui importait que celui-ci ne pût aussitôt s'apercevoir du fatal échange ; d'une autre part il devina encore que, comme pendant à-peu-près une heure encore, on aurait besoin de lui, les empoisonneurs n'auraient employé contre lui qu'une substance dont l'effet ne fût pas instantané.

On se mit en route, en évitant de former des groupes, afin de ne pas éveiller la curiosité des agens de police ou des patrouilles qu'on rencontrerait. Clovis, certain des mesures prises par le banquier bien averti, pensa que celui-ci, afin de mieux surprendre les voleurs, aurait écarté tout personnage suspect des rues voisines de son hôtel, et réuni, dans ce dernier, une force assez imposante pour empêcher une résistance inutile.

Honoré, à l'avance, lui avait fait parcourir la route intérieure à suivre pour arriver à la caisse sise au rez-de-chaussée, puis lui avait montré le panneau que tous les deux feraient jouer pour disparaître aux yeux des malfaiteurs lorsque ceux-ci seraient assez avancés dans la maison pour que la retraite leur fût impossible.

En approchant de l'hôtel de Dutilloy, Edmond prit Clovis par le bras, afin, sans doute, de le surveiller en cas de trahison, mais il déguisa sa pensée en lui demandant si la jeune fille ne reculerait pas devant le rendez-vous, et à quel signal elle répondrait.

— Bon, répliqua Clovis avec un ton de

simplicité auquel le bandit se laissa prendre, penses-tu que je fusse assez niais
pour vous embarquer tous sur une promesse à laquelle mille causes pourraient
mettre des entraves ? j'ai mieux fait;
tiens, Edmond, voici le passe-partout de
la porte du jardin qui nous livre l'entrée
des appartemens.

— Oh! Clovis, tu vaux mieux, en vérité,
que je n'ai cru encore : tu as agi en
homme consommé, et tu en auras la récompense..... Cette sotte eau-de-vie que
nous avons bue en dernier me barbouille
le cœur, ne sens-tu rien dans ton estomac ?

—Non, rien.... quelques rapports....
mais voilà que tu me fais peur, et je viens
tout à coup de sentir une tranchée...

Edmond sourit diaboliquement et se
mit à dire :

— C'est la peur qui produit en toi son
effet ordinaire.... Et tu la déposeras dans
le jardin ; mais pressons-nous ! plutôt
le coup sera fait, plutôt chacun de nous

aura le loisir de se soigner s'il est malade.

Clovis comprit l'allusion de ces derniers mots, il la garda pour lui et se contenta de dire :

— J'ai bien peur que cette eau-de-vie
ne fasse plus de mal à ton cousin qu'à
nous, la boire en menace de gangrenne...
il a bu sa mort.

— Les deux feront la paire, chan-
tonna Edmond avec indifférence.

XIX

> Lorsque les méchans luttent ensemble,
> celui qui succombe ne manque pas de
> crier à l'assassin.
>
> — *Recueil de Maximes.* —

Une heure après minuit sonnait, lorsqu'on atteignit la porte du jardin de l'hôtel Dutilloy. Edmond et Clovis s'en appro-
chèrent seuls, le second glissa la clé dans
la serrure, fit jouer le pêne et le battant
s'ouvrit.

— Bravo, s'écria le chef, notre fortune est faite.

Puis il siffla doucement, et un à un les voleurs accoururent : tous entrèrent et le dernier referma la porte et resta caché en sentinelle ainsi que déjà l'ordre lui en avait été donné, puis le reste de la bande s'aventura dans une allée tortueuse, ayant pour guide Clovis qui les devançait de trois pas, loin de douter qu'Edmond venait d'armer un pistolet pour le tuer s'il cherchait à fuir; car les méchans ne peuvent soupçonner en autrui que l'existence du crime.

Tout-à-coup Clovis s'arrêta et Edmond courant à lui... qu'est-ce, demanda-t-il ?

— Là bas, au fonds de la pelouse, que vois-tu ?

— Une forme qui se remue.... Est-ce une sentinelle, un domestique attardé ?

— Rassure-toi, répliqua Clovis, c'est ma gente Cécile, impatiente de me voir arriver.

— Elle va s'épouvanter, elle criera...
que faire?

— Laisse-moi l'aller trouver, je lui di-
rai de rentrer dans sa chambre.

Edmond hésita, il ne savait s'il était
sage de se séparer de Clovis... Mais d'une
autre part, avant qu'on fut arrivé à la
jeune fille et qu'on l'eut réduite au silence,
elle aurait poussé des cris affreux, il fallait donc accorder quelque chose au hasard, et Clovis put aller rejoindre sa maîtresse prétendue. Il tarda peu à l'approcher; en effet, Honoré, pour mieux éloigner son ami des brigands, s'était habillé
de nouveau en femme, et dès qu'il eut
reconnu Clovis:

— Tout va bien, lui dit-il, M. Dutilloy
m'a certifié tantôt que cinquante agens de
police surveilleraient tes compagnons;
mais il veut, pour qu'on ne puisse douter
de leur culpabilité, que je les laisse aller
jusques à la caisse : va donc les chercher, qu'ils avancent, et moi j'irai t'attendre dans le passage caché; ne manque

pas de t'y réfugier, dès que ces misérables pénétreront dans le cabinet du banquier.

Honoré aussitôt entra dans l'hôtel en laissant ouvrir la grande et double porte croisée du salon, et Clovis retourna au bosquet où Edmond et les amis l'attendaient, moins Balthazard, qui avait été renforcer Hippolyte, demeuré à la garde de l'issue par où l'on ferait retraite. Chaque démarche de Clovis, donnant plus de confiance au soupçonneux Edmond, ce fut presqu'avec remord que celui-ci le vit s'approcher de lui.

— Tout va bien, dit l'adolescent, Cécile est dans sa chambre, et aucune porte, celle-là livrée, ne nous empêche d'arriver au coffre-fort : marchons.

Edmond le complimenta sur sa bonne foi, et puis fit signe aux quatre voleurs; de suite, et à leur tête, il se dirigea vers l'appartement du rez-de-chaussée. Du grand salon l'on passait dans un moindre, mais aussi richement meublé; par celui-ci on parvenait à une galerie que la bande traversa silencieusement ; puis on trouva un corridor étroit où l'on s'arrêta pour allumer les lanternes sourdes, dont chaque camarade était muni...

En ce moment, et comme la lueur de la lanterne d'Edmond éclairait en plein le visage de Clovis, Edmond s'aperçut que le jeune homme faisait une grimace qui lui donna à penser :

— Qu'as-tu, lui demanda-t-il ?

— Des épreintes douloureuses, des tranchées, qui depuis un instant m'ont saisi et me deviennent insupportables.

— Allons, répondit le chef en ricanant, toi aussi vas être malade, reste dans la galerie, tu feras sentinelle, tu te reposeras.

Une nouvelle convulsion parut saisir Clovis et la joie brilla dans les yeux d'Edmond, qui contraignit son associé à se coucher sur un sopha, tandis que lui, ouvrant la dernière porte, pénétra dans la chambre du trésor sans mieux s'occuper d'un malheureux qui, selon lui, n'avait plus que quelques minutes à vivre.

Edmond et les siens s'avançaient avec des précautions extrêmes dans la voie abandonnée, ils avaient mis par-dessus leurs bottes des souliers de feutre qui assourdissaient leurs pas, ils marchaient lentement, surpris de ne rencontrer aucun obstacle, ne pouvant concevoir que l'on défendît si peu une somme aussi immense que celle qu'ils espéraient enlever; d'une autre part, ils comprenaient que sans les intelligences de Clovis avec une femme de chambre prétendue, il y aurait eu de bien plus fortes difficultés à franchir.

Enfin on était parvenu dans la pièce où la caisse fameuse était à demeure. Edmond, grâce à ses rapports avec le banquier, avait pu prendre les empreintes de diverses serrures, et faire faire sur ces modèles les clefs qui serviraient à les ouvrir. Le cœur battait à tous à la vue de ce coffre énorme, tout établi en fer et dont les parois avaient un pouce d'épaisseur.

Quelle force humaine l'aurait rompu ? aucune sans doute !

Les cinq lanternes furent dirigées vers la caisse, on la contempla un instant avec des yeux avides, puis, Edmond, posant la lampe qu'il tenait par terre, tira les clefs du sac de cuir dans lequel il les tenait enveloppées avec de l'amadou, il déchira celui-ci, et dès que les clefs purent agir, il les présenta aux diverses serrures, et toutes ayant joué à ravir, il souleva la couverture tandis que ses compagnons s'approchaient avidement pour admirer les trésors qu'ils allaient emporter.

La caisse était vide!!!.. oui, vide, ou à peu-près, car quelques pièces d'or, une vingtaine peut-être, plusieurs écus de cinq francs gisaient au fond, et tous ensemble ne s'élevant pas à sept où huit cent francs.

La caisse était vide!!!..

Un cri de rage féroce échappa à Edmond, une imprécation de mort succéda, tandis que les assistans confondus, confus, anéantis, continuaient d'examiner cette solitude fatale et d'y porter leurs regards désappointés; si l'un d'eux se fut plutôt occupé à examiner la contenance de leur chef, il aurait reconnu, sur sa physionomie, l'empreinte d'une fureur prête à passer au délire. Edmond n'en pouvait plus douter, il était trahi, mais qui était le coupable, un seul s'offrait à sa pensée, Clovis; et celui-là, peut-être expirant ou déjà mort, échappait déjà à sa vengeance. Mais, afin d'éclaircir cette obscurité, Edmond se préparait à rejoindre le jeune homme afin de lui arracher la vérité; lorsque, d'une chambre voisine partirent spontanément deux coups de pistolet, une sonnette fut violemment agitée et une voix forte se mit à crier: *au voleur, à l'assassin, au feu, au secours.*

Dès le premier signal, donné par la détonation qui venait de se faire entendre, les bandits et leur chef, s'élançant du côté par où ils étaient arrivés, cherchèrent leur sûreté momentanée dans une prompte fuite, elle fut si rapide, si entraînante, qu'Edmond en traversant la galerie, put s'assurer à peine que Clovis n'y était pas; serait-il allé tomber dans le jardin, le rencontrerait-il? il se dit ceci en courant, mais le jardin ne lui laissa nulle part apercevoir celui qu'il souhaitait tant rejoindre.

Edmond, au lieu de continuer sa retraite directe comme le fesaient ses compagnons, vaguait çà et là à la recherche de Clovis devenu invisible; il hésitait cependant à s'éloigner avant d'avoir acquis la certitude que leur guide, ou avait succombé sous la puissance du poison qu'on lui avait fait boire, ou vivait encore de manière à pouvoir sentir le coup mortel que lui, Edmond, souhaitait tant de lui donner.

Mais au bruit des coups de pistolet, aux cris qui l'avaient suivi, à l'appel de la sonnette qui continuait à se faire entendre, on s'éveillait, on se levait, on accourait de toutes parts dans l'hôtel, car nulle garde vigilante et amie n'était là à l'avance, ainsi que Dutilloy en avait fait le conte à Honoré. Dutilloy seul, était à l'affut, ce loup cervier venait de jouer une comédie dont le nœud avait été savamment combiné, et où, jusqu'à cette heure, tout réussissait selon son desir.

Les commis ; les valets, les hommes de peine, bientôt les gens de l'écurie, puis les voisins et une patrouille que le tumulte attira, madame Dutilloy, son frère, son fils, sa fille, le caissier Loyset, un commissaire de police, un juge de paix, des gendarmes arrivèrent tour à tour dans l'appartement du banquier : on le trouva vêtu à demi, manifestant une inquiétude qui eût peu après un juste motif d'éclater, lorsque la foule étant entrée avec lui dans la salle de la caisse, on vit celle-ci vidée, moins un certain nombre de pièces d'or et d'argent, provenant sans doute de sacs qui auraient crevés pendant que les dévaliseurs nocturnes les emportaient ; cette conjecture prit consistance lorsque sur les planches, à travers le corridor, la galerie, le salon, et le jardin on trouva, çà et là, d'autres monnaies semées ; auprès de la petite porte ouverte, on saisit un sac éventré.

— On m'a volé une somme énorme, dit M. Dutilloy, et on a en même temps emporté un dépôt de onze millions appartenant à sir Belton.

Puis, les autorités compétentes dressèrent le procès-verbal de la spoliation et constatèrent aussi la disparution du groom Honoré qui avait pris un faux nom anglais ; ce fut sur lui que tous les soupçons se tournèrent, et on demeura convaincu de ces deux faits : qu'un vol immense avait été commis au préjudice de M Dutilloy et que les brigands avaient été introduits par un domestique à ses gages, lequel avait pris la fuite avec eux.

Le lendemain, dès avant midi, toute la haute banque, tout le grand commerce de Paris connurent cet événement. Le bruit circula aussitôt que Dutilloy, ruiné,

suspendait ses paiemens; mais vers une
heure, une circulaire écrite de sa main,
et authographiée, annonça de toutes parts
que, malgré la perte immense que venait
d'éprouver la maison Dutilloy, elle conti-
nuerait non-seulement de rembourser
tout son papier à échéance, mais encore
qu'elle escompterait tout celui revêtu de
sa signature qui serait à un terme de moins
de trois mois.

Si la nouvelle de la ruine du superbe
banquier avait réjoui délicieusement tous
ses confrères, la certitude que ceux-ci ac-
quirent que loin de tomber après un tel
événement il n'en paraissait que plus solide, les contrista péniblement, certains
à qui le premier bruit était seul parvenu,
avaient déjà agi hostilement contre lui, et
par là s'étaient attiré sa haine; ceux-là ne
lui pardonnèrent point de ne pas être
abîmé.

Mais si des collègues agirent mal envers
Dutilloy, il reçut, avant que sa circulaire
eut rassuré le commerce, une lettre d'Ar—

sène Rumbel qui lui offrait un million
qu'il se procurerait tant sur la fortune de
sa mère qu'avec le secours de ses amis.
Cet acte de noble délicatesse, au lieu de
toucher l'âme sèche de Dutilloy ne fit que
l'irriter, surtout au moment où elle lui
parvint, alors lui s'occupait à écrire au
baronnet sir Belton, pour lui faire part de
leur infortune commune, et le prévenir
que le vol ayant été fait par violence, il
ne pensait pas, lui, banquier, être pas-
sible du remboursement de la somme enlevée.

La réponse tarda peu, elle était conçue
en ces termes :

Monsieur,

« Je suis sans inquiétude, touchant la
somme que les voleurs ont ravie ; la police
est si bien faite, que j'espère à trois heures
de ce jour, moment où je me rendrai chez
vous, pouvoir vous convaincre que les

méchans ont beau faire, les hommes de
bien seront plus adroits qu'eux. »

    « J'ai l'honneur de vous saluer, etc. »

    « *P. S.* Votre absence ou votre invisi-
bilité pourrait vous coûter cher, je vous
conseille de m'attendre, si vous tenez à ne
pas être perdu et déshonoré. »

Cette lettre mystérieuse, menaçante,
fit frémir le banquier, il aurait voulu aller
de bonne heure à la Bourse, afin d'y jouir
en orgueilleux de la solidité inébranlable
de sa maison ; et voilà qu'un rendez-vous
donné sous telle forme l'obligerait à ne
sortir que plus tard ; du moins s'il ne put
aller au-dehors faire parade de son stoï-
cisme et de sa fortune colossale, il se dé-
dommagea envers des visiteurs nombreux
et envers sa famille consternée et éperdue
qui ne pouvaient assez admirer sa fermeté.

Aux uns et aux autres il parla de cette
perte gigantesque, dont il fixa le chiffre

à seize millions, comme d'un malheur qui sans doute le privait d'une somme énorme, mais que, grâce au ciel, il supporterait sans rien diminuer à son train de maison et sans qu'il eut à se retirer momentanément des spéculations qu'il était sur le point d'entreprendre.

— Je regarde ce méchant coup, ajouta-t-il en riant, comme si plusieurs de nos gros colliers m'eussent mis au nombre de leurs créanciers dans un bilan de banqueroute; d'ailleurs, j'espère que tout ne sera pas perdu, la police est habile et il est impossible que les voleurs se modèrent assez sur leurs dépenses pour que les soupçons n'arrivent pas jusques à eux. Au demeurant, celui que je regrette le plus, c'est un Anglais qui avait par confiance onze millions chez moi, je suppose que vu le cas fortuit, je ne serai pas contraint de le réintégrer dans la totalité de la somme.

XX

On approche du dénouement.

> Chez les Chinois on est plutôt porté à
> croire que deux montagnes séparées par
> un intervalle de cent lieues, se sont
> rendues visite, que d'admettre la pos-
> sibilité d'un changement de caractère
> — *Recueil de Maximes.* —

Arsène, de retour dans la maison de
son père, évita envers celui-ci toute
explication ; occupé de son devoir, de
son amour, il ne fut pas le dernier à qui
la renommée apprit l'événement de la

nuit dernière, et sur-le-champ, en ne consultant que son cœur, il écrivit la lettre que j'ai déjà fait connaître au lecteur et se hâta de la faire parvenir au banquier malheureux ; non satisfait de cette démarche, il courut trouver son père et le supplia de profiter de cette circonstance pour se rapatrier avec son ancien ami en lui offrant également les fortes sommes qu'Arsène savait à la disposition de M. Rumbel.

Celui-ci écouta son fils en hochant la tête et en fermant les yeux à moitié, aucun autre mouvement ou signe ne laissa connaître sa façon de penser ; mais, dès qu'Arsène eut achevé, lui se mit à dire :

— Mon enfant, je le vois à regret, vous deviez naître il y a deux siècles au moins, alors ces sentimens de chevalerie, ces belles manières en dehors des formes d'aujourd'hui auraient rencontré des échos et vous seriez parvenu à rendre votre père dupe de votre amour ainsi que vous l'êtes, si je crois ce que vous venez de me conter. Mais que moi, aujourd'hui, j'expose plusieurs centaines de mille francs pour obliger un homme perdu que je n'aime ni n'estime, ne vous en flattez pas ; sa fille, quelque séduisante qu'elle puisse être, ne vaut certes pas la somme que nous perdrions : tenez vous donc tranquille, et puisque vous avez commis l'étourderie que je refuse d'accepter à demi, laissez-moi conserver des sommes qui, un jour à venir, répareront la brèche que vous venez de faire à votre fortune, Dutilloy acceptera votre offre et vous irez grossir la masse de ses créanciers.

M. Rumbel achevait lorsque le valet de chambre d'Arsène parut et remit à son maître une lettre qui arrivait, de chez M. Dutilloy, à son adresse.

— Eh bien ! s'écria triomphalement le vieil avocat tandis que son fils brisait le cachet de la missive ; voilà le banquier aux expédiens, qui, en retour de belles paroles, accepte tes fonds ; je le savais à l'avance, le monsieur est âpre à la curée.

Rumbel fut ici interrompu par un geste d'Arsène qui, sans prendre la peine de lui répondre, se contenta de lui présenter en original le billet qu'il venait de recevoir et Rumbel reprenant tout en cherchant ses lunettes.

— Tu veux que je lise des fariboles, tu te flattes que je m'attendrirai au cri de détresse de ce cormoran... ni lui ni toi... ainsi... qu'est-ce?..

« Le banquier Dutilloy présente ses ci-
« vilités à monsieur l'avocat Arsène
« Rumbel, il le remercie de son offre obli-
« geante ; mais bien que seize millions
« aient été enlevés de ma caisse, il me
« reste une somme assez forte pour faire
« face à tous mes besoins d'ici à trois mois,
« et si M. Arsène retardait l'acquisition de
« quelqu'immeuble en conséquence de
« manque de fonds, M. Dutilloy le prie
« de tirer sur lui jusqu'à sept cent mille
« francs, sous l'intérêt d'un demi pour
« cent et de douze mois de délai. »

— Oh! oh! s'écria le jurisconsulte, par

la morbleu! c'est un homme à ménager...
Arsène, je te quitte, un rendez-vous m'appelle et je ne puis rester ici un instant de plus.

— Quoi! vous sortez à pied, mon père; n'attendrez-vous pas que votre cocher attèle?

— Je prendrai un fiacre, adieu.

Et le député se mit à courir, de même que si métamorphosé en cerf il eut eu à sa suite sa propre meute, ainsi que selon Ovide il en arriva au chasseur Actéon.

Arsène rentra chez lui pour s'habiller, il lui tardait d'aller prendre des informations plus précises sur le sinistre survenu au banquier; il achevait sa toilette quand Belton-Delotry, revêtu de son uniforme d'officier-général, de ses cordons, plaques et croix, se montra tout-à-coup devant lui; il fut reconnu sur-le-champ, et Arsène, avec gaîté, le félicita sur le changement inespéré de sa fortune qui lui permettait de paraître si brillamment; mais, aussitôt, se ressouvenant de la somme

importante que sir Belton avait en dépôt
chez le banquier, il s'empressa de lui demander s'il avait appris le vol commis au
préjudice du banquier,

— Oui, lui fut-il répondu gravement.
Cette histoire est arrivée à moi comme à
tout Paris, avec une rapidité qui fait
honneur aux propagateurs des mensonges.

— Des mensonges ! répéta Arsène avec
ébahissement. Votre inimitié, à juste titre
allumée, soupçonnerait-elle monsieur Dutilloy ?

— Je viens vous chercher, dit Belton-
Delotry, pour vous prier, moins dans mon
intérêt, sans doute, que dans celui de mon
frère... de Dutilloy, de m'accompagner
à son hôtel où, à même jour, et à une
heure... Nous avons demi-heure devant
nous ; j'ai pris soin de m'assurer une au-
dience ; nous trouverons en bas, dans ma
voiture, un secrétaire d'ambassade de la
légation anglaise, et un agent supérieur
de la police de Paris ; ces deux messieurs,
dont la discrétion m'est acquise honora-

blement, nous escorteront, nous attendront pendant notre conférence secrète avec le banquier où vous seul assisterez, et je ne recourrai à leur intervention que si, par cas, l'horrible avidité moderne m'y oblige.

— Mais, Monsieur, répartit Arsène, que méditez-vous ? ne suis-je pas assez dans les mauvaises grâces de Dutilloy, et que pensera-t-il de mon acharnement à le poursuivre ?

— Augurez mieux de mes intentions : je veux contraindre Dutilloy à vous rendre justice, je veux le forcer à faire votre bonheur.

— Et comment cela, s'il vous plaît ?

— Ceci est mon secret ; seulement ayez foi dans mes paroles, et soyez assuré que l'espoir dont je vous berce ne sera pas déçu... Le temps nous presse, partons.

Soit, partons, répondit Arsène, vous m'avez inspiré de la confiance, et je crois en vos pronostics ; mais que se passe-t-il, et quel appareil ?

—Soyez, où nous allons, tout yeux, tout oreille, et, par ce moyen, il ne restera rien d'obscur en ce qui me concerne et dans mes rapports avec Dutilloy.

Belton - Delotry, après avoir achevé cette dernière phrase, se mit à marcher, et le jeune avocat le suivit. Ce dernier, en entrant dans la voiture de son client, y rencontra les deux personnages dont la présence lui avait été annoncée. L'un, par la sévère tenue de son individu, la blancheur de son linge, l'élégante richesse de ses bijoux, sa morgue cérémonieuse qui disparut en partie à la suite de la présentation réciproque si fort d'étiquette solennelle chez les insulaires nos voisins, l'un, dis-je, fut reconnu par Arsène comme faisant partie de la *Nobility* d'Almhack.

L'autre monsieur, aussi bien vêtu, peut-être, et paré d'une figure plus avenante, était loin pourtant des grands airs de son compagnon. La raideur de l'un provenait de la conviction, de l'estime de sa propre

importance ; la réserve de l'autre advenait de la crainte qu'une parole impolie
ne lui reprochât les services qu'il rendait
à la société. Le haut employé français
était mal à son aise par le genre seul de
ses fonctions.

Tous les deux saluèrent poliment Arsène qui, préoccupé de ce qui se passait
sous ses yeux solution à laquelle il tendait
en vain d'arriver par ses conjectures, se
contenta de les en remercier, et aussitôt
rentra dans le cours de ses réflexions ; son
client, au contraire, leur ayant fait à l'avance le plan de leur conduite prochaine,
maintint, avec grâce et légèreté, la conversation sur des matières indifférentes
auxquelles tous pouvaient prendre part.

Les montres marines du secrétaire
d'ambassade et celle de sir Belton marquèrent une heure après midi, moins trois
minutes, lorsque le carrosse traversait la
cour de l'hôtel du banquier. Ces quatre
personnages descendirent et marchèrent
de conserve jusqu'au salon, en avant du

cabinet du banquier. Là, l'Anglais et l'employé français s'arrêtèrent, et durent planter leurs pavillons jusqu'au moment où celui qui les avait amenés réclamerait leur présence ; puis lui, accompagné d'Arsène, pénétra dans la pièce où, au dire d'un valet de chambre important, le banquier attendait un étranger qui lui avait donné rendez-vous.

— Sir Belton, M. l'avocat Rumbel fils, cria, selon l'usage le valet. A ces noms, accolés ensemble, celui qui les ouït frissonna. Cependant, et comme à l'avance il était préparé aux demandes que le premier pourrait lui faire, il surmonta vîte ce mouvement pénible, et son front ne montra qu'une politesse froide et cérémonieuse ; cependant, et profitant du temps d'arrêt où l'on avançait des siéges, il dit à demi-voix à Arsène :

— Monsieur l'avocat a-t-il reçu ma réponse ?

— Oui, Monsieur.

— Je suis à ses ordres.

— J'aurais voulu être aux vôtres, et n'ai besoin de rien ; mais, avocat de la personne présente, j'ai dû la suivre près de vous, chargé d'ailleurs des expressions de chagrin de mon père touchant le coup qui vous a frappé...

— Votre père, monsieur, est le meilleur des hommes ; il me quitte, il est venu m'offrir sa fortune et le crédit de ses amis. Un trait si noble, si délicat, m'a vivement touché, et, comme vous devez vous y attendre, un retour de franche et de réciproque amitié s'en est suivi.

Arsène à ces paroles demeura confondu, certes, depuis long-temps il ne lui était plus possible d'estimer son père, mais il ne l'aurait pas cru capable d'une action pareille, et sans doute qu'en venant faire acte de parfait ami, il s'était bien gardé de se dire instruit de la lettre adressée par le banquier à Arsène.

Ce dernier, humilié au fond de l'âme d'être le fils d'un père si peu digne de lui, resta frappé de stupéfaction, et ses lèvres glacées n'osèrent pas formuler la question si lui, Arsène, était compris dans ce renouvellement de tendresse, et si son hymen avec Tècle en ressortirait; un peu après, il aurait bien fait cette demande, mais il craignit de se mettre en position fausse vu celle où il était envers son client, et repoussant son amour au plus profond de son cœur, il se résolut à ne parler que lorsque les deux interlocuteurs présens n'auraient plus rien à se dire.

L'un et l'autre demeuraient en présence comme deux oiseaux de proie prêts à commencer un combat sanglant; Belton, à l'instant de l'attaque, semblait hésiter à entrer dans la lice, il se taisait, et le banquier, se flattant de prendre l'avantage, se mit à lui demander s'il venait à lui relativement au vol de la nuit dernière.

— On a donc forcé votre caisse, dit Belton presque indifféremment?

Le banquier répliquant, raconta comment au milieu de son sommeil, un bruit imprévu l'en avait retiré, que se mettant sur son séant il lui avait semblé entendre dans la pièce voisine et attenante à sa chambre à coucher, un son clair comme celui de pièces d'or et d'argent qui tombent, aussitôt il s'était élancé de son lit, avait saisi deux pistolets toujours à demeure derrière son traversin, que muni de ce moyen d'attaque, il avait approché de la porte et vu par deux trous faits à la vrille avec dessein, sept à huit hommes qui, à la clarté d'autant de lanternes sourdes, achevaient sans doute de vider son coffre-fort.

A cet aspect il avait simultanément fait feu de sa double arme, appelé au secours et carillonné avec sa sonnette afin d'appeler tout son monde, étant d'ailleurs barricadé dans sa chambre où les bandits ne pouvaient pénétrer, mais ils n'y avaient pas songé, car, dès la décharge des pistolets, il avait ouï le pas précipité de leur fuite.

Ces misérables ayant gagné un jeune homme, le groom de son fils Amanieu, étaient entrés dans la maison avec toute facilité, par la porte du jardin, et avaient disparu emportant tout l'or, l'argent et les billets de banque renfermés dans la caisse, et on avait trouvé des fausses clefs de celle-ci, engagées dans les serrures, puis des pièces de diverses monnaies provenant d'un sac crevé laissé aussi dans le jardin avec trois ou quatre lanternes sourdes ; le délai mis entre le départ des bandits et la possibilité de les poursuivre, leur avait laissé plus de loisir qu'il ne leur en fallait pour s'échapper en toute liberté, et avec eux, avait pris la fuite le fatal groom pour lequel lui, Dutilloy, avait obtenu, deux jours auparavant, sur sa requête, un passeport pour se rendre en Russie, que du reste, bien que la police fut sur pied depuis le grand malheur, aucune nouvelle de ce vol étrange n'était encore venue calmer le juste chagrin d'une famille vouée au malheur depuis quelque temps.

XXI

Dernière punition des méchans.

Dieu n'attend pas toujours à la venue
de la seconde vie pour punir ceux qui
se sont rendus coupables dans celle-ci.
— *Recueil de Maximes.* —

Le client d'Arsène Rumbel avait écouté
ce récit la tête appuyée sur ses mains
soutenues par sa canne ; sa figure ainsi
cachée n'avait manifesté aucun sentiment de colère ou de compassion, le

banquier eut tout le temps de parler, de raconter lui-même, d'insinuer que sir Belton, n'ayant pas retiré ses espèces quand il pouvait le faire, et par là ayant changé à son égard la position de l'homme de commerce, ne pouvait pas exiger que celui-ci fût responsable d'un enlèvement fait sans doute à main armée, ou du moins en si grand nombre d'assaillans que le point de vol à force majeure serait reconnu par tous les tribunaux possibles. Arsène *in petto* pensait de même, et ne concevait pas le calme, l'indifférence avec laquelle son client supportait un si rude coup.

Cependant, le banquier, inquiet précisément de ce flegme dont la cause inconnue ne lui convenait aucunement, laissa sir Belton garder le silence durant au moins deux minutes, bien que, dans leur lenteur à s'écouler, il leur trouva la longueur des heures; mais enfin, ne pouvant commander à son anxiété, il reprit la parole et pria l'interlocuteur de lui communiquer et ses réflexions et ce qu'il arrêtait dans une situation pareille. Arsène, à ces derniers mots, porta son regard sur Belton comme aussi pour l'engager à donner signe de vie; un sourire de celui-là fut son premier acte de retour, pour ainsi dire, à l'existence; puis, sa canne fut posée contre le fauteuil, et libre alors de ses mains, si nécessaires au débit d'un narrateur, le client, le créancier qu'on avait tant d'impatience à entendre parler ouvrit enfin la bouche, et s'adressant aux deux auditeurs, leur demanda du ton le plus simple du monde, s'ils avaient lu ou vu jouer la jolie comédie des *Plaideurs*, de Racine.

La question était si imprévue, si peu en harmonie avec l'importance de la situation, que ceux à qui elle était faite, n'en déguisèrent ni leur surprise, ni presque leur mépris; ces deux sentimens éclatèrent si bien sur leur physionomie, que Belton - Delotry les tenant quittes d'une réponse que l'expression du visage avait complétée poursuivit en ajoutant :

— Je vous demande ceci, afin que vous ne soyez pas étonné si comme *l'Intimé* je commence par la création du monde, c'est-à-dire si je prends mon récit de bien haut, cette précaution mise en avant, veuillez me prêter une attention entière, et ici encore, je voudrais que ma mémoire me rappelât les vers admirables dont Auguste se sert pour imposer à l'avance un silence absolu à Cinna. J'ai besoin, moi aussi que l'on m'écoute, et que Monsieur, en closant ses lèvres, jusques à ce que j'achève, se conduise de la même façon que je viens tout-à-l'heure d'en agir envers lui.

— Monsieur, répartit le banquier de plus en plus à la torture, car tout ce qui prolongeait son incertitude le faisait mourir d'impatience : certes, vous pouvez être assuré que je ne vous empêcherai pas de dire tout ce qu'il vous plaira, cependant, il est des choses auxquelles la présence d'un tiers nuit, et entre nous..

—Ne vous levez ni ne parlez, dit le baronnet à Arsène, qui, ayant compris le banquier, faisait déjà un mouvement de retraite; si vous sortez, je sors avec vous, et malheur à cet homme si tout ce que je vais dire se répand en dehors de nous trois.

Arsène reprit son immobilité et sa réserve; le banquier frissonna et un nuage sombre couvrit son front.

— Maintenant, ajouta le narrateur, qu'on m'écoute :

« Dans le village de Vaudreuil, auprès du versant occidental de la montagne Noire.... M. Dutilloy, tenez votre promesse... Un bon paysan, Matthieu Delotry, eut de sa femme Jacquette Penard, deux filles, dont je ne parlerai pas ici, et trois fils, Denis-André, l'aîné, Nazaire-Félix, le second, et Barthélemy le troisième. Le premier, emmené dans son enfance par un bienfaiteur, passa aux Indes orientales; là, il fit une fortune immense; là, pour que nul obstacle poli-

tique ne l'arrêtât dans ses vastes spéculations, il se fit naturaliser Anglais, par suite
de l'acte d'adoption, qui le rendit l'enfant
selon la loi de son bienfaiteur ; dès lors
tout lui devint prospère : apte à la double
carrière des armes et du commerce , il
poursuivit une suite de grades, tous con-
quis dans les guerres sanglantes, soutenues par l'Angleterre, sa mère patrie,
contre les sultans de Missore , des Bir-
mans, etc. Enfin, parvenu à la dignité
équivalente à celle de lieutenant-général
en France, honoré d'un grand ordre d'Espagne, et de celui du Bain accordé par
Georges IV, qualifié du titre de baronnet,
il crut inutile de poursuivre la route de
l'ambition, d'autant plus que son projet
n'était pas de mourir Anglais, mais bien
de revenir dans sa patrie réelle, si d'autres considérations ne l'en écartaient pas.

« Il avoue, car c'est lui qui vous parle,
que séparé bien jeune de ses parens, et
son bienfaiteur, par une ja'ousie qu'il ne
lui appartient pas de blâmer, ayant tou-

jours travaillé à lui en faire perdre la mémoire, il les avait entièrement oubliés ;
mais à peine eut-il touché le sol de la
France qu'un besoin impérieux le ramena
vers Vaudreuil. Quelle fut sa joie, mais
aussi quel fut son chagrin, quand il re-
trouva son bon père, son excellente mère
en vie, mais presque dans l'indigence ; il
s'accusa de cette indifférence odieuse
qui lui avait enlevé la douceur de faire
jouir ses parens de sa fortune démc-
surée. Son tort fut réparé, sans doute,
et alors il s'inquiéta du sort de ses deux
frères.

« L'un, le second, Nazaire-Félix, avait
parcouru la France, et comptait à Paris
dans la classe nombreuse des commission-
naires, et celui-là tous les ans envoyait ses
épargnes au couple vertueux auquel il devait le jour ; que sa conduite soit louée et
qu'elle reste en éternel châtiment de celle
de son frère aîné, moi, et de son puîné,
vous...., oui, vous, Dutilloy, vous qui êtes
mon frère, Barthélemy Delotry...»

— Puis-je permettre une allégation pareille, dit le banquier, en cherchant à
prendre une assurance qui lui manquait.

— Frère, reprit le narrateur, vous dirai-je comme Auguste à Cinna : *tu tiens
mal ta promesse.* « Oui, vous, vous éloigné
de Vaudreuil d'abord comme réquisition-
naire aviez fait votre fortune dans les en-
tréprises des armées ; mais en changeant
de nom vous fîtes perdre votre trace et
jamais la moindre somme détachée de
celles que vous possédiez en aussi grand
nombre, n'a soulagé la misère de vos parens. Instruit de votre conduite, je voulus
vous en punir ; onze millions faisant partie du fonds que je rapportais des Indes
vous furent adressés, et alors eut lieu la
confusion de noms dont vous avez profité
naguère, d'abord pour vous débarrasser
de moi, puis, pour retarder une remise
qui vous gênait, et j'en ai la preuve dans
l'emprunt de six millions que vous fîtes au
juif Salomon-Ben-Ephraïm, la nuit qui
suivit ma demande ainsi que je le prou-

verai s'il le faut, car je sais tout.... oui, tout.... Pèse ces paroles, mon frère, et si tu le veux, je ne poursuivrai pas. »

Ici Delotry l'aîné s'arrêta en regardant fixement le banquier; Arsène dont les yeux suivirent la même direction, vit une rougeur subite remplacer les teintes pâles de celui-là; mais quoique le maître du logis put éprouver il demeura insensible à l'appel de son frère et il se maintint dans un silence qu'on n'exigeait plus de lui; alors, levant les mains au ciel; Delotry l'aîné s'écria:

— Eh bien! malheureux! porte donc le poids de ton endurcissement détestable; oui, le moment de pitié est passé... « J'arrive à Paris, je cherche mes deux frères, je trouve le second, Nazaire-Félix, chassé, le matin même, de son emploi de feutier de la Comédie-Française; son méfait, le voici : il avait rencontré, reconnu son frère, par lui cherché vainement, et ce frère, au lieu d'écouter la voix de la nature, avait pesé sur le pauvre et pour une

somme vile prétendait acheter son exil
de Paris.

« Je m'interposai contre cet acte de des-
potisme et d'inhumanité ; ce fut moi
qui envoyai ce frère auprès de nos vieux
parens ; mais il fût les rejoindre ainsi
qu'il convenait à celui-ci, du même sang
que moi.

« Vous savez , M. Rumbel, comment je
parus chez vous, comment, revêtu de la
livrée de la misère, je touchai votre cœur
noble et généreux ; comment vous accep-
tâtes ma cause avant de savoir qui je voulais attaquer, et comment, magnanime
autant que nos vieux héros, vous ne re-
nonçâtes pas à ma clientelle lorsqu'elle
pouvait vous exposer à perdre la femme
que vous aimiez et qui est si digne de
vous appartenir, d'après les renseignemens qui m'en sont revenus.

« Vous ne touchâtes pas ce cœur en-
durci, il osa se flatter de me combattre,
il saisit habilement la confusion de mes
trois noms, ce fut un triomphe, mais

court; j'allais revenir à la charge lorsqu'une autre affaire me tomba sur les bras, affaire, du reste, dans laquelle nous sommes tous mêlés encore; et les soins que je dus y donner me firent négliger de reprendre mes onze millions que j'oubliai presque, pendant peu de jours il est vrai; et néanmoins pendant assez de temps pour vous inspirer une infernale idée, à laquelle vous, Barthélemy Delotry, avez cédé, qui vous a perdu et qui m'a donné un avantage dont les conséquences tarderont peu à passer sous vos yeux. »

Ici le banquier essaya de parler, il ne le put, ses dents claquaient et la pâleur du froid remonta sur ses joues tandis qu'il cachait sous les plis de sa robe de chambre ses mains crispées et tremblantes; Arsène entassait conjectures sur conjectures, ne voyait encore poindre aucune lumière, et Delotry l'aîné continuait son récit sans plus s'échauffer, comme s'il eut raconté aux auditeurs les détails de la cérémonie des funérailles d'Alexandre ou les mœurs des peuples de l'Inde qu'il avait connu.

« Une de nos nièces, dit-il, était devenue la femme d'un voyageur qui s'était présenté à elle comme un simple gentilhomme Allemand, au bout de neuf mois d'hymen elle était morte, mais un fils lui survivait; ce fut à Calcuta que je fus instruit de tout ceci, et devinez quel était notre neveu! vous épuiseriez, l'un et l'autre, avant de me répondre, toutes les combinaisons possibles si je ne les prévenais en vous disant que le prince de Morgteinsten, connu de vous deux maintenant, est le frère de notre neveu, par alliance, et que ses richesses, ses domaines et toute son importance sociale appartiennent, depuis hier, à notre petit neveu, fils de son frère aîné.

« Cette nouvelle fut loin de plaire à Dutilloy, puisqu'elle diminuait toute l'importance de son gendre futur, et par un effet contraire, elle fut reçue d'Arsène avec une joie qu'il sut mal dissimuler, cependant, ni l'un ni l'autre n'interrompirent une narration à laquelle ils prenaient intérêt de plus en plus.

« A Saint-Félix on avait ignoré la qualité d'un tel parent; l'enfant, nommé Clovis, était resté sous la tutelle d'un frère du père de sa mère, ce méchant homme, pour s'emparer d'une somme de cent mille écus que le prince de Morgteinsten avait laissée en partant, afin de servir de dot à un fils auquel, alors, il ne destinait pas sa succession réelle; ce méchant homme, dis-je, amena son neveu bien jeune dans Paris et l'y abandonna; son calcul était que l'adolescent se perdrait ou périrait même.

« Mais la Providence veillait sur l'orphelin; son père, à Calcutta, en me racontant les événemens de sa vie, me fit connaître quels nœuds me l'attachaient; dès lors, j'obtins de lui qu'il ferait de cet enfant son héritier et son successeur, il en dressa tous les actes, me les remit; me transmit ses pouvoirs sur Clovis et continua son existence aventureuse. Parvenu en Grèce il a péri victime de son imprudence, en se précipitant, par mégarde, du haut d'une des montagnes de la Laconie.

« Quant à moi, de retour en France, j'allai de Vaudreuil à Saint-Félix, ma présence accabla l'avide Orrouis, ce misérable m'avoua son calcul, il avait même cessé de correspondre avec son neveu, qui le croyait son père, et ne put me donner son adresse, du moins le forçai-je à restituer la somme ravie à l'enfant.

« Arrivé à Paris, le hasard me mit sur la voie de mon petit neveu ; l'un de ses concitoyens, ayant à peu près son âge, garçon honnête, probe, vertueux et jockey de votre fils, Honoré, qui par calcul d'adresse se disait Ecossais, me mit en présence du malheureux Clovis.... »

— Mais monsieur, dit Arsène à ce moment, l'homme dont vous faites un si bel éloge, n'est-il pas le même que celui qui

a ouvert la maison où nous sommes aux
brigands qui l'ont dévalisée.

— Monsieur, répliqua l'aîné Delotry,
avec son sang-froid assommant, vous aviez
promis de garder le silence : imitez notre second auditeur, plus tard, vous saurez qui de lui ou de moi a tort ou raison... « Je dus donc à ce garçon mes rapports avec mon petit neveu, et j'avoue que
la satisfaction que ceci me causa me fit
perdre de vue le soin de retirer des mains
de mon frère, une somme qu'en fait je
croyais en sûreté chez lui.

« Ici, je souffre à poursuivre, et néanmoins je le dois ; qu'on m'écoute donc
avec courage, puisqu'on n'a pas eu la
force de me fermer la bouche. M. Arsène,
un mauvais esprit a soufflé sur la France,
il a changé la majeure partie de ses ha-
bitans en loups cerviers ; un seul objet
occupe les esprits, un seul culte les attache, celui de l'or. On ne connait ni l'honneur, ni la délicatesse, ni la galanterie,
ni la politesse, ni la loyauté probe de nos

aieux ; il n'y a ni vertu, ni amitié, ni estime de soi-même ; on n'attache de prix
ni à sa religion ni à sa réputation. Un
serment est sans valeur ; on ne connait ni
juste ni injuste, ni gens de bien ni fri-
pons, une seule classification est admise,
les riches et les pauvres ; que les premiers
soient sacrilèges, anarchistes, jacobins,
faussaires, incestueux, parricides, pis
encore, qu'ils aient violé les codes de
Dieu et des hommes, qu'ils soient couverts de vices, chargés de crimes, n'importe, leur fortune les innocente, les
brillante, les réhabilite ; quand aux se-
conds, ils sont devenus les paria de la
société.

« Donc il faut avoir de l'or ; les moyens
de se le procurer n'avilissent pas, on doit
l'acquérir n'importe par quel filoutage ou
quel acte de bassesse, car on sait que le
bandit le plus taré, s'il a de l'argent,
fut-il bâtard et voleur, montera aux pre-
mières dignités de l'époque. Cette conséquence admise, car elle est prouvée, la

société est devenue un bois; chacun de
ses membres, ou du moins presque tous,
se sont changés en voleurs qui l'exploi-
tent; parmi les mille et millions d'actions infâmes auxquelles on se livre afin
de s'enrichir de plus en plus, voici un
trait que je dois vous signaler à l'appui de
ce que j'avance.

« Un adolescent, non encore gangrené,
est mis en rapport par cette facilité pernicieuse avec laquelle on se lie aujour-
d'hui, est mis dis-je en rapport avec une
bande, non de voleurs élégans, de ceux
qui pillent l'état et le peuple, mais de
ceux travaillant au coin de la rue et que
je suis loin de mettre au pire: on le tente,
on obtient de lui qu'il livrera à la compagnie l'entrée de la maison où il demeure;
il y consent dans un double but, celui de
sauver sa vie, qu'un refus aurait exposée
et celui de faire saisir tous les scélérats
qui le croyaient de leur trempe, la chose
convenue que fait-il? Ecoutez-moi, ceci
en vaut la peine.

« Il va trouver son maître et lui rapporte ce qui vient de vous être dit. Le maître le remercie, lui donne une légère récompense, lui recommande un profond secret, puis, ayant assuré au jeune domestique que les mesures sont prises pour envelopper les voleurs saisis sur le fait, il témoigne de l'inquiétude relativement à la sûreté du jeune homme, si quelques brigands s'échappent, s'ils ont des complices qu'on n'arrête pas, ceux-là ne chercheront-ils pas à punir la défection de qui a livré leurs amis. Que faire? une lumière luit; il faut qu'au moment même où le domestique aura fait entrer les voleurs dans la maison, il les quitter; on lui préparera une issue certaine, une voiture l'attendra dans un autre lieu, il y montera, et muni d'une somme quelconque, de papiers honorables, il s'en ira en Russie, sous un nom autre que le sien passer quelques années, et par là, se soustraira au mal vouloir de la bande.

« La chose a lieu; le jeune homme suit
en tout les instructions de son maître, il
introduit les voleurs dans la maison, et
disparaît avant eux et au milieu d'eux....
mais, eux sont-ils saisis.... non.... le patron, homme du siècle, a calculé que la
croyance d'un vol à son préjudice lui serait avantageuse de toutes façons; en
conséquence, il n'avertit pas la police ni
ses gens, mais il vide sa caisse et attend
les voleurs; il a tout préparé, un semi de
pièces d'or, un sac éventré jeté au hasard, et dès qu'il soupçonne parti son
agent fidèle, il tire deux coups de pistolets, crie au voleur, fait le tocsin avec sa
sonnette, enfin joue la scène que M. Dutilloy vient de nous raconter; car, c'est
lui qui est le héros de l'aventure ! »

XXII

L'adresse d'un homme de bien.

> L'adresse a dans la bouche des
> honnêtes gens une force que l'astuce
> ne lui concéde pas.
>
> — *Recueil de Maximes.* —

Depuis quelques instans, Arsène étonné
de la ressemblance existante entre l'histoire du vol que le banquier venait de
faire et celle que son client débitait, sentait s'élever dans son cœur des soupçons

que son attachement involontaire pour
le père de Tècle lui ordonnait de repousser. Mais, que n'éprouva-t-il pas, quand,
lorsque par sa rude et dernière allégation,
le narrateur eût déchiré l'espèce de voile
dont jusque-là il avait couvert le héros de
l'aventure; honteux pour celui-ci, chagrin
d'être le témoin d'une pareille attaque,
il chercha à se maintenir dans un silence
qui lui parut moins périlleux que les
paroles dont il ne pouvait examiner rapidement toutes les conséquences.

Dutilloy, de son côté, qu'un pressentiment sinistre saisissait déjà, ressentait de
rudes angoisses a mesure que son frère
aîné avançait dans son récit: cependant,
plus il voyait combien on était instruit
à ses dépens, plus il faisait un appel à
toute son audace, afin que sa confusion
n'éclatât pas involontairement; mais,
malgré toute la force dont il put s'armer,
il lui fut impossible de rester impassible
et calme à la minute où, comme un coup
de foudre, tomba sur lui son propre nom

prononcé en complément de ce qui avait
été dit.

Agité dans toute sa personne par des
convulsions nerveuses, passant tour à
tour et presque instantanément de la rougeur de la honte à la pâleur de la rage, il
se souleva de dessus son fauteuil comme
pour s'élancer sur son hardi accusateur,
mais trahi par le flageolement de ses
membres il retomba avec lourdeur, tandis
que sa bouche frémissante laissait passer
à peine des mots entrecoupés.

— Ne me démens pas, n'ajoute pas un
parjure inutile à tout ce que tu as fait en
si peu de temps contre l'honneur, frère
indigne, poursuit Delotry en étendant le
bras à la manière de l'ange des vengeances
divines dans le sublime tableau de
Prud'homme.

— Vous êtes un infâme! put dire enfin
le banquier, la douleur occasionnée par
la perte énorme que vous venez de faire
vous égare, et vous me calomniez afin de
me rendre entièrement responsable d'un

fait où je me trouve aussi malheureux
que vous ; est-ce généreux de profiter de
la fuite si naturelle de mon domestique
pour bâtir là-dessus une fable dont monsieur Rumbel ne croira pas un mot j'espère ; quelques-uns des voleurs seront
arrêtés, on parviendra peut-être à saisir
leur complice, celui qui les a guidés chez
moi, et alors mon innocence sera reconnue. Ah ! si ce jeune misérable qui n'avait
pris un nom étranger que pour mieux me
tromper pouvait paraître, qu'on l'amène,
qu'on le trouve, et je me charge de lui
faire confesser la vérité.

— Eh bien! dit Delotry, puisque tu
tiens tant à l'aveu de ce jeune homme, il
me sera facile de te satisfaire ; tu ne
parles ainsi que dans la croyance où tu es
que ta victime, trompée par toi, s'éloigne
de Paris à chaque minute ; détrompe-toi,
il n'en est pas sorti, il est chez moi, et
voici sa déclaration telle qu'il vient de
l'écrire, telle qu'il la répétera devant le
juge instructeur, si tu pousses l'audace

jusques à vouloir t'y laisser conduire.

— Vous, Monsieur, l'y traîneriez... il n'est donc pas votre frère, s'écria Arsène épouvanté de ce qu'il entendait de l'une et l'autre part.

— Pendant qu'il parlait ainsi, Delotry avait jeté sur le bureau, devant son frère, la pièce accusatrice dont il venait de le menacer, et le banquier ayant baissé la tête ne répondait, n'examinait ce papier si funeste à ses assertions, et celui qui le poursuivait avec une fermeté si rigoureuse s'adressant au jeune avocat :

— Vous avez dit vrai, mon noble ami, non je ne suis pas le frère de ce misérable, je ne vois en lui qu'un monstre qui pour satisfaire son orgueil a laissé son père et sa mère dans la pauvreté et les larmes, a cabalé pour enlever à l'un de ses frères sa dernière ressource, et qui enfin a tenté tout à la fois et de consommer ma ruine et de me faire assassiner.

— Lui, dit Arsène avec horreur.

— Moi, moi, répartit le banquier anéanti.

—Démens-moi si tu l'oses, veux-tu des témoins je te les administrerai bientôt, quant au vol prétendu, c'est toi qui l'as exé-cusé, tout l'argent, les valeurs de com-merce, les billets de banque, en un mot, les treize et non seize millions ainsi que tu en as fait courir le bruit et que les voleurs joués par toi n'ont pas trouvé dans ta caisse, je vais apprendre à notre témoin où nous les rencontrerons; mais aupara-vant, il faut que je mène les choses de manière à ce que tu ne puisses ni me tromper encore, ni en imposer au public.

Il dit, courut vers la porte, fit signe aux deux personnages qui attendaient au sa-lon de venir à lui; eux entrèrent, et, lors-que lui, avec une aisance calme en plein contraste avec la physionomie égarée de Dutilloy, les eut nommés, désignés par leurs titres et présentés aux deux autres assistans, il se tourna vers le secrétaire de la légation d'Angleterre et vers l'em-

ployé supérieur de la police de Paris, et
se mit à leur dire :

— Messieurs, monsieur Dutilloy désire
que vous soyez présens, ainsi que monsieur Arsène Rumbel, à la déclaration que
je vais lui faire. Un vol considérable a été
commis à son préjudice pendant la nuit
dernière ; il était à craindre que les bandits, ayant eu le loisir d'enlever des valeurs immenses, ne se les eussent parta-
gées, et que chacun, tirant de son côté,
n'en rendît la rentrée impossible ou du
moins bien incomplète. Grâce à Dieu ! il
n'en est rien ; il y a deux heures, qu'un
des voleurs, touché de sa faute, et dans
l'espoir d'en obtenir le pardon, est venu
me trouver, a fait avec moi son marché
auquel j'ai souscrit et avec droit, puisque
sur seize millions enlevés onze m'appartiennent ; je me suis engagé à ne jamais
le nommer ; il a reçu sa récompense, je
tiendrai envers lui ma parole, lui satisfait, m'a parlé ainsi :

— «La prudence nous interdisait d'emporter hors de la maison une somme aussi considérable ; il eût été bien difficile que cinq hommes, (ils n'étaient pas plus nombreux,) se chargeassent de neuf millions d'espèces, savoir, quatre en or monnoyé ou de lingots, et cinq en pièces d'argent ; le reste était en billets de banque. En conséquence, on est convenu que cette dernière monnaie serait la seule que nous prendrions avec nous ; quant aux neuf millions en métaux, nous les avons déposés dans la glacière du jardin, moins les louis qui se sont perdus en chemin, un sac ayant crevé, et quelques écus blancs éparpillés : aussi, nous avons creusé un trou à droite de l'entrée, et avons mis sur ce trésor une grosse pierre surmontée d'un vase de fonte que nous avons trouvé tout auprès. »

— Messieurs, continua Delotry, cet honnête voleur tenait encore dans ses mains les effets et valeurs, lorsque Monsieur Dutilloy, en faisant du bruit, a donné l'alerte à la bande ; chacun de ceux

qui la composaient a fui, et fui si bien,
que le chef est resté nanti lui seul des
billets de banque et autres ; il me les a
rendus, et moi, devant M. Rumbel, je
viens de les rapporter à Monsieur Dutilloy
qui, par suite de la frayeur dont il n'est
pas guéri encore, et que sa physionomie
laisse trop à voir, les a déjà cachés dans sa
bibliothèque, là, au dernier rang, à gauche, au fond de plusieurs cartons. Si vous
désirez les voir, il va vous les montrer ;
mais si la chose vous paraît inutile, nous
irons tous cinq vérifier dans la glacière si
mon honnête voleur ne m'a pas plus
trompé sur ce point que dans l'autre. Allons, sans perte de temps, achever cette
visite à laquelle je vous ai convoqués,
Messieurs, par pure délicatesse, et afin
que la preuve soit acquise de la réalité du
vol et de l'intégrité de la restitution.

Dès que les deux étrangers avaient
paru, et dès que Delotry l'aîné, prenant
en leur présence un nouveau rôle, s'était
montré si bien instruit de tout ce qui

concernait le gissement de la somme enlevée, Arsène, de son côté, était resté
pleinement convaincu de la culpabilité
du banquier, et celui-ci, aux indications
si exactes, si précises qui semblaient lui
être révélées, voyait enfin clair dans tout
cela : il n'eut pas besoin d'un propos que
Delotry jeta tout à coup, et comme par
parenthèse, dans la conversation, pour
reconnaître qui l'avait trahi ; mais nier,
se débattre contre tant de renseignemens,
eût été trop maladroit ; aussi, se résigna-t-il
d'abord, par un signe de tête, à affirmer
que son frère disait vrai en indiquant la
place où, réellement, il avait mis les valeurs à couvert de toute investigation ;
ensuite, quand ce même frère, tandis
qu'ils se rendaient au jardin, lui eut dit
qu'il le remerciait du cadeau qu'il lui
faisait en lui cédant M. Loyset, son caissier, pour le mettre à la tête de ses affaires, lui, avait répondu que c'était tout
simple ; car, dorénavant, il n'eut pu rester
chez lui, tant il se serait reproché de con-

server un homme dont son ami avait su si bien utiliser les talens tout nouvellement.

En effet, Loyset gagné par les largesses de Delotry qui n'avait pas craint de l'acheter au prix de cinq cent mille francs de fond, s'était constitué le dénonciateur de son patron. Delotry, depuis deux jours, savait où son frère et Loyset avaient caché les métaux d'une part et les papiers de l'autre ; maître de ce secret, il s'était promis de s'en servir afin de punir un méchant homme, et de faire le bonheur d'un homme de bien.

En amenant deux individus aussi importans que le secrétaire d'ambassade et l'employé supérieur de la police, Delotry s'assurait de plusieurs choses : d'abord que son frère n'oserait ni le démentir ni s'opposer aux recherches ; ensuite que la manière officielle dont le bruit de la restitution se répandrait, ne permettrait pas aux amis de Dutilloy de soutenir qu'il s'était volé lui-même.

Delotry avait bien tout calculé; en effet son frère, terrassé par la vue des deux survenans, par l'aplomb du révélateur, par la véracité de ses allégations, n'avait plus osé combattre, aussi, marcha-t-il vers la glacière en homme tellement abattu sous le poids de son bonheur, qu'il en paraissait triste. Les millions détournés furent trouvés où le banquier et son commis les avaient placés pendant trois nuits consécutives. Dès lors on se répandit en louanges du bon larron, ce qui n'empêcha pas la police de rechercher, en secret, rigoureusement ceux qui avaient commis le méfait. Le chapitre dernier apprendra ce qui est encore à éclaircir.

XXIII

Le jeune héros.

Il y a dans le ciel plus de joie pour
la conversion d'un pécheur que pour le
maintien de cent justes dans la bonne
voie.

— *Recueil de Maximes.* —

Aussitôt que Clovis eut reçu d'Edmond,
trompé par les fausses douleurs que l'adolescent feignait d'éprouver, la permission
de passer dans la galerie, il sortit de la
salle où était la caisse et courut vers une

porte secrète qu'Honoré lui ouvrit, par où
il passa, et qui le mit à l'instant même à
couvert de toute mauvaise volonté de la
part des bandits; déjà même son bon cœur
l'avait porté à donner à Balthazard et à
Hippolyte une fausse alerte qu'Honoré
leur avait transmis de sa part, afin que ces
deux là ne fussent pas arrêtés avec les autres, ainsi que le croyaient les jeunes
gens qui se fiaient au dire du banquier.
Or, les deux amis, instruits par une soubrette (Honoré sous son déguisement), que
leurs camarades venaient d'être cernés,
avaient pris soudainement la fuite en bé-
nissant qui les sauvait ainsi.

Clovis et Honoré sortirent presque aussitôt de l'hôtel Dutilloy; mais au lieu de
gagner la maison où une chaise de poste
les attendait, ils préférèrent, après avoir
bien réfléchi, se rendre chez Delotry et
lui révéler toute l'affaire; cette détermination provint de Clovis et de sa pensée
que si son compagnon s'en allait la nuit
même du vol il pourrait bien être soup-

çonné d'y avoir participé, surtout lorsqu'au moment de sortir par une issue particulière, celle de la cour des écuries, ils
avaient entendu la détonnation des pistolets, et vu tous les voleurs s'évader, sans
que même on se mit à leur poursuite.

Delotry, accoutumé à veiller, était encore dans son cabinet lorsque les deux
jeunes gens parurent devant lui ; le récit
que lui fit Honoré, corroborant ce que déjà
il tenait de Loyset, acheva de le convaincre
de la noire méchanceté de son frère et afin
de l'accabler de toutes façons en cas de
lutte, il retint Honoré, bien que lui aussi
pensât qu'une absence de quelques années
put seule mettre à couvert celui-là de la
vengeance des bandits.

Clovis profita de la circonstance pour
le remercier de nouveau de toutes les
marques d'intérêt qu'il lui avait données,
et puis lui demanda s'il ne pourrait pas
accompagner Honoré jusques à la fron-
tière. Delotry ne vit à cela aucun obstacle
et consentit sans peine à ce voyage, dont

le motif était si honorable; il fut convenu
que si Honoré n'était compromis dans la
tentative de vol infructueuse, commise
chez le banquier, les deux camarades par-
tiraient la nuit suivante.

J'ai raconté les événemens du jour venu
après cette nuit, réellement aux aventures; j'ai conduit les acteurs que j'ai mis
en scène, jusques à la glacière; au retour,
Delotry provoqua en présence d'Arsène,
de l'Anglais et de l'agent supérieur de la
police, une déclaration du banquier en
réhabilitation d'Honoré, qu'il lui fit formuler en ces termes : que faussement on
avait attaqué la réputation du groom de
son fils; lui-même, lui, Dutilloy, ayant eu
besoin d'expédier en courrier un homme
sûr à Saint-Pétersbourg, avait choisi celui-là sans en prévenir Amanieu, et que le
hasard seul était la cause de la coïncidence,
dans la même nuit, du coup de main des
brigands et du départ de l'intègre Honoré.

Ceci écrit, signé par les trois témoins,

deux se retirèrent, Arsène seul resta. Alors Delotry, étant avec lui et son frère, prenant le jeune avocat par la main, dit au banquier que, dans tout ce qui venait de se passer, il l'avait tant ménagé; que s'il ne l'avait puni, ni dans son orgueil, ni dans son vol, ni dans son fratricide, c'était uniquement à cause de sa femme et de ses enfans qui, certes, valaient mieux que lui; mais que, dorénavant, il aurait toujours à trembler, lui, Dutilloy, en présence d'Arsène, et que le seul moyen d'intéresser celui-ci à garder le silence, serait de lui donner en mariage la belle et vertueuse Tècle.

— En vain, ajouta Delotry non encore détrompé sur la position du prétendu prince de Morgteinsten, tu m'objecteras, mon frère, tes engagemens envers un étranger; outre que celui-ci ne peut se marier sans le consentement de son neveu qui, certainement, le lui refuserait, s'il avait lieu avec Tècle, voudrait-il, d'ailleurs, épouser une fille qui aime ailleurs?

je ne le crois pas, et moi, pour favoriser,
au contraire, l'hymen de Tècle et d'Arsène, je leur donnerai, par contrat, le
tiers des onze millions que je vais retirer
de chez toi.

Ici, Delotry fut interrompu par l'entrée
subite de sa femme qui tenait une lettre
à la main. Madame Dutilloy portait sur
sa physionomie, non la tristesse naturelle
occasionnée par le vol de la nuit dernière,
car encore elle n'avait pu savoir qu'il
était réparé, mais une mauvaise humeur
évidente et un courroux non déguisé;
elle parut ne voir ni Delotry ni Arsène, à
tel point sa préoccupation la dominait, et
s'adressant au banquier :

— Tenez, monsieur, lisez ce billet, mé-
ditez-le et voyez comme on traite les personnes disgraciées du gouvernement...

Et pendant que le mari parcourait cette
missive, cause assurée du dépit de sa
femme, celle-ci ayant aperçu Arsène, se
mit à lui dire gracieusement :

— Votre conduite, monsieur, a été

parfaite, et soyez persuadé qu'ici tout le monde vous estime et vous aime, et si monsieur Dutilloy a de la sensibilité, il récompensera comme il le peut vos offres généreuses.

— Puisque vous le voulez, ma chère amie, dit le banquier, qui à la lecture de la lettre avait mordu ses lèvres et froncé ses sourcils, je ne m'oppose plus à un mariage rompu un peu légèrement. Arsène, suivez madame et allez vous-même apprendre à Tècle, que nous sommes tous d'accord.

Le jeune avocat, ivre de joie, exécuta soudain l'invitation du banquier, et l'amour posant un voile sur la délicatesse, le détermina à s'unir avec la fille, bien qu'il ne pût estimer son beau-père. Ce dernier, dès qu'Arsène fut sorti, dit alors à Delotry en lui montrant le billet mystérieux ;

— Voici l'explication de ma conduite que vous taxez peut-être de légèreté, écoutez-moi.

Et il lut les phrases suivantes :

« Madame, contraint de quitter la France ce matin à cinq heures, sans prendre congé de vous et de votre famille, et ignorant l'époque où je la reverrai, je crois devoir vous rendre une parole contre laquelle mademoiselle Tècle à toujours protesté, etc., etc.

« CHRISTIAN DE MORGTEINSTEN. »

Edmond, en fuyant de l'hôtel Dutilloy s'était rendu seul à la maison de sa mère ; mais au moment de tourner de la rue Montorgueil à celle Beaurepaire, il se vit arrêté par une des nymphes du chaste établissement.

— Edmond, lui dit-elle, crains de rentrer chez toi, la mort y est avec la police ; apprends que demi-heure apès ton départ, ton cousin Robillet est mort empoisonné, t'accusant de l'avoir fait périr.

— L'imbécile, s'écrie Edmond, il n'a pas vu que Clovis nous avait joués, mais si celui-ci est en vie je suis perdu, songeons à nous.

Il dit, remercie la bonne fille et alors
court rapidement vers l'hôtel où encore
il était prince; là, il se munit de tout ce
qu'il y avait de précieux et de facile à emporter, puis ordonne la remise du reste à
Delotry et à son neveu, et muni d'une
somme très forte et profitant de ses passe-
ports, il prend soudain la route de
Bruxelles, après toutefois avoir écrit à
madame Dutilloy une lettre de rupture,
ce qu'il fit pour détourner les soupçons ou
pour contenter son amour-propre, et dès
ce moment sa trace fut perdue.

. . . .

Depuis six jours, Clovis était absent
de Paris. Son tuteur qui, postérieure-
ment, avait appris la fuite mystérieuse
du prince, s'était mis en possession, au
nom de son pupille, de ce qu'il n'avait
pas emporté, et il attendait, avec impatience le retour du jeune prince pour le
faire reconnaître solennellement par le

corps diplomatique, quand on lui présenta une lettre timbrée de Lyon et dont
l'écriture lui sembla inconnue; il l'ouvrit
précipitamment et y lut ce que je vais
transcrire.

« Mon cher parent, mon parfait tuteur,

« Pardonnez-moi, si je blesse votre cœur
« aimant en lui faisant part de ma résolu-
« tion inébranlable. Je vous ai quitté pour
« ne plus vous revoir, et, en même temps,
« je renonce à toutes les grandeurs et aux
« richesses qui m'attendaient..... Je m'en
« déclare indigne... Mon père, par son ma-
« riage, a fait mon premier malheur. La
« noblesse allemande, la nation même,
« verraient avec dédain, dégoût et mé-
« pris, le fils d'une simple bourgeoise por-
« ter une couronne qui, chez eux, ne doit
« appartenir qu'à la pureté du sang.

« Peut-être que cette considération, si
« elle eût été unique, ne m'aurait pas en-
« traîné dans la démarche que je tente,

« mais, Monsieur, je me suis examiné moi-
« même, et, en éclairant de ma splendeur
« présente les ténèbres de ma vie privée, je
« me suis fait horreur, et me suis apparu
« en objet d'indignation. Abandonné seul
« à Paris, dès ma douzième année, j'ai pris
« ma part des vices qui infectent cette ca-
« pitale. Homme misérable, souillé de dé-
« bauches ; flétri par de mauvaises actions,
« en contact direct avec des êtres tarés ,
« coupables ou infâmes, leur turpitude est
« la mienne ; elle m'environne , elle me
« déshonorera toujours.

　　« Elevé dans cette sentine du vice, elle
« me semblait moins hideuse lorsque je
« me suis rapproché de vous et d'Honoré.
« Celui-ci, simple domestique, m'a fait
« rougir, car il n'avait rien à se reprocher ;
« vous, en me montrant où je pourrais
« arriver, avez déchiré mon âme.

　　« Obscur, nul ne cherchera à me jeter
« le passé à la figure ; prince, je verrais ,
« avant peu, la presse exposer au grand jour
« mes actes répréhensibles, et tous mes

« aïeux, mes parens, et ceux de mon nom
« qui n'existent point encore, seraient flé-
« tris par moi ; cela ne sera pas, leur gloire
« peut rester intacte, si je lui immole mon
« ambition.

« Tout abandonner dans ce noble but,
« consommer, par une sainte vénération
« des miens, un si grand sacrifice, est le
« seul moyen de prouver que j'étais peut-
« être digne de ces honneurs que j'abdi-
« que volontairement.

« Désormais ma trace sera perdue ; ri-
« che de vos bienfaits et de l'amitié d'Ho-
« noré qui ne me quitte pas , je vais cher-
« cher avec lui un lieu sur la terre où votre
« affection ne puisse me découvrir. Là , je
« me purifierai du passé par ma conduite
« présente ; là, me ressouvenant sans cesse
« du rang auquel je renonce volontaire-
« rement, je tâcherai de m'en rendre digne.
« Heureux, si à ma mort on donne quel-
« ques larmes au souvenir de cet honnête
« homme inconnu. Ne cherchez pas à me
« poursuivre, ne vous confiez pas en celui

« que vous prenez pour mon oncle, il n'est
« que l'assassin de mon père dont il a été
« le valet; partout où je le trouverai je
« vengerai sur lui le crime auquel je dois
« tous mes malheurs.

« Ne vous tourmentez pas sur mes res-
« sources pécuniaires : soit la somme que
« vous remîtes pour Honoré, soit celle que
« je reçus de votre générosité, soit les dia-
« mans de mon père que vous me confiâtes
« avant mon départ; tout cela, estimé à
« Lyon, s'est élevé au chiffre, pour nous
« énorme, de deux millions sept cent
« mille francs. Certes si, avec tant de bien,
« nous ne savons pas vivre, plus de for-
« tune ne nous suffirait pas non plus.

« Je vais perfectionner mon éducation
« et faire tout entière celle d'Honoré, car
« je l'adopte pour frère ; il le mérite, et
« certes, mon bonheur serait grand, si je
« pouvais m'estimer autant que je l'estime.
« N'est-ce pas, mon oncle, que vous me
« trouvez heureux, par cela seul, que je
« possède un tel modèle, un si parfait ami.

« Faites appeler auprès de vous deux
« hommes du nom d'Hippolyte et de Baltha-
« zard dont je joins ici l'adresse ; dites-leur
« que ma reconnaissance des services qu'ils
« m'ont rendus me porte à vouloir les sau-
« ver de leur perte. Donnez-leur à chacun
« la pension que vous jugerez convenable,
« mais à condition qu'ils iront habiter
« Saint-Tropez, en Provence, leur ville
« natale. Je me flatte qu'ils accepteront
« avec joie ce moyen de rentrer honora-
« blement dans la société.

« Quant à vous, soyez héritier de tout
« ce que je laisse, et de plus, je prends
« l'engagement, si, d'ici à dix ans, Dieu ne
« nous a pas retirés de ce monde, de réve-
« nir alors vous embrasser au lieu que vous
« aurez choisi pour votre retraite, et dont
« vous laisserez la connaissance à l'avo-
« cat Rumbel qui va devenir notre parent.
« Je verrais avec plaisir que notre cousin
« Amanieu épousât sa sœur, mademoiselle
« Méline, dont vous m'avez parlé. Il vous
« sera facile d'amener cette idée à son exé-

« cution, soit au moyen d'une portion de
« votre'fortune, soit en prenant sur la
« mienne pour grossir la dot de ces époux.

« Adieu, mon oncle, vivez heureux,
« excusez – moi, ne m'oubliez pas, et
« aimez–moi toujours autant que je vous
« aimerai; mais, surtout, pardonnez à
« votre frère, et ne le blessez pas dans
« son orgueil.

« Adieu! adieu!

« CLOVIS de *Morgteinsten.* »

Le surlendemain de la réception de
cette lettre, une deuxième attaque d'a-
poplexie termina les jours du banquier
Dutilloy, ce qui retarda d'un an les deux
mariages que Clovis désirait, et qui s'ac-
complirent.

Hippolyte et Balthazard acceptèrent les
bienfaits du jeune héros.

Belton-Delotry ne se consola de l'absence de Clovis que lorsqu'il l'eut re-

trouvé. Les aventures de ce sage de dix-
neuf ans formeront plus tard une suite à
nos *Loups cerviers* qu'elles présenteront
sous de nouveaux aspects.

FIN DU SECOND ET DERNIER VOLUME.

TABLE.

Le Magasin des Enfants,

COURS D'ÉTUDES

CONTENANT DEUX CENT QUARANTE LEÇONS.

Un beau vol. grand in-8, prix 10 fr.

Orné de Cartes, Figures, Dessins, etc.

Ce nouvel ouvrage n'est point, comme son titre pourrait le faire croire au premier aperçu, une réimpression ou un portrait des *Dialogues* que madame Leprince de Beaumont a publiés sous le même titre. Il y a environ quarante ans [illegible] attaché, d'après un plan nouveau et bien différent du sien, à mettre toutes les connaissances humaines à la portée des jeunes.

Qu'on ne pense pas que des sujets tels que l'histoire, l'astronomie, la physique, etc., soient au-dessus de leur portée. Non, si l'on descend au niveau de ces naissantes intelligences, si l'on sait leur présenter la leçon sous une forme qui les intéresse et les amuse, l'enfance recueille avec joie les enseignements quand on a soin d'en ôter les épines, quand on ne lui en offre que les fleurs.

L'histoire sainte, cette histoire de l'homme, si naïve et si belle dans sa simplicité, si riche d'épisodes, et si pleine de préceptes et d'exemples, sert, en quelque sorte, de base à l'édifice. Il semble que la première page du *Magasin des Enfans* devait être consacrée à apprendre aux enfans les vieilles traditions sur l'origine du genre humain.

Viennent ensuite l'histoire naturelle des animaux et des plantes. [illegible] nos jeunes lecteurs? Quel tableau est plus riant, plus varié, plus frais que celui de la nature? On leur apprend à épeler dans ce grand livre, sans cesse ouvert à tous les yeux, et dans lequel à chaque feuillet on découvre de nouvelles merveilles.

Tout ce qui attire les regards d'un enfant l'intéresse, parce que tout est nouveau pour lui. Rien n'échappe à ses investigations. Voyez-le dans ses excursions à travers la campagne, il ne foule pas une herbe, il ne cueille pas une plante, il ne ramasse pas un coquillage qu'il ne vienne aussitôt vous adresser mille questions. Si vos réponses captivent son intérêt et stimulent ses désirs curieux, soyez sûr que, loin de l'ennuyer, elles ne feront qu'ajouter au charme de sa promenade. Il n'en aura pas moins couru çà et là, respiré l'air frais des champs et le parfum des fleurs, il n'en rentrera [illegible] plus instruit. Il aura des cailloux plein ses poches, des fleurs plein ses mains. Toutes ces choses auront pour lui une valeur qu'elles n'avaient pas la veille, ce sont autant de richesses que vous lui aurez appris à connaître. Il les conservera, il se rappellera ce que vous lui en aurez dit, ou vous questionnera [illegible] pour ce qui aura échappé à sa mémoire.

Lorsqu'on [illegible] pareils trésors, est-il besoin, pour captiver l'attention des enfans, d'avoir recours à la baguette des fées, d'évoquer des génies et des fantômes, de créer des ogres et des Croquemitaines? D'abord, ces histoires merveilleuses et surnaturelles manquent presque toujours leur but; ensuite elles ont un inconvénient plus grave, celui de fausser le jugement des enfans et de remplir leur imagination vive et impressionnable de mille terreurs ridicules ou dangereuses, [illegible] qui les instruise au fond de tout cela; car la morale [illegible] quelquefois sous ces [illegible] est beaucoup trop voilée pour des enfans [illegible] la distinguent pas, ils ne peuvent donc ni la goûter ni la mettre [illegible]. Pour cela, il faut le [illegible] quel livre est plus utile au [illegible] que celui de la nature? [illegible] à cette source [illegible] qu'il faut puiser les leçons pour l'enfance.

On s'est efforcé de traiter, avec la même méthode, toutes les sciences, en retranchant ce qui les rendrait trop abstraites, trop arides, ce qui causerait le découragement ou l'ennui. [illegible]

On y a joint au texte des cartes géographiques, des tableaux et des figures, qui seulement les rendent plus agréables aux enfans, mais encore [illegible] servent par-là à classer dans leur mémoire les lieux dont on a parlé, les animaux et les plantes qu'on a [illegible].

Le Magasin des Enfans, imprimé en caractères neufs, sur très-beau papier, bien satiné, orné de cartes, figures, dessins, etc., etc., contient deux cent quarante leçons, savoir : *Grammaire.* — *Mythologie.* — *Mathématiques.* — *Astronomie.* — *Locutions vicieuses.* — *Géographie.* — *Voyages.* — *Histoire ancienne.* — *Histoire de France.* — *Histoire Étrangère.* — *Morale.* — *Cours de politesse.* — *Hygiène.* — *Variétés littéraires.* — *Histoire naturelle.* — *Botanique.* — *Physique.* — *Chimie.* — *Géologie.*